Zur Einführung.

Die **Werkstattbücher** behandeln das Gesamtgebiet der Werkstattstechnik in kurzen selbständigen Einzeldarstellungen; anerkannte Fachleute und tüchtige Praktiker bieten hier das Beste aus ihrem Arbeitsfeld, um ihre Fachgenossen schnell und gründlich in die Betriebspraxis einzuführen.

Die Werkstattbücher stehen wissenschaftlich und betriebstechniseh auf der Höhe, sind dabei aber im besten Sinne gemeinverständlich, so daß alle im Betrieb und auch im Büro Tätigen, vom vorwärtsstrebenden Facharbeiter bis zum leitenden Ingenieur, Nutzen aus ihnen ziehen können.

Indem die Sammlung so den einzelnen zu fördern sucht, wird sie dem Betrieb als Ganzem nutzen und damit auch der deutschen technischen Arbeit im Wettbewerb der Völker.

<u>Bisher sind erschienen:</u>

Fortsetzung des Verzeichnisses der bisher erschienenen sowie Aufstellung der in Vorbereitung befindlichen Hefte siehe 3. Umschlagseite.

Jedes Heft 48—64 Seiten stark, mit zahlreichen Textabbildungen.

WERKSTATTBÜCHER

FÜR BETRIEBSBEAMTE, KONSTRUKTEURE UND FACH-
ARBEITER. HERAUSGEGEBEN VON DR.-ING. EUGEN SIMON

=== HEFT 54 ===

Der Elektromotor für die Werkzeugmaschine

Von

Dipl.-Ing. Otto Weidling

Mit 64 Abbildungen im Text

Berlin

Verlag von Julius Springer

1935

ISBN-13: 978-3-7091-9785-1   e-ISBN-13: 978-3-7091-5046-7
DOI: 10.1007/978-3-7091-5046-7

Inhaltsverzeichnis.

Vorwort.

Betriebsfachleute und Konstrukteure haben eine vorwiegend stoffliche Denkweise, die sich in den Begriffen der Mechanik, Wärmelehre und Chemie bewegt; während die Elektrotechnik mit unsichtbaren und ungreifbaren Größen arbeiten muß, die aber doch sehr reelle Wirkungen haben. Es scheint für die genannten Fachleute deshalb oft schwierig, in die Elektrotechnik einzudringen. Diese Schwierigkeit ist aber doch nur scheinbar, denn es gehört nur ein passender Schlüssel dazu, um bald zu finden, daß in der Elektrotechnik die gleichen allgemeinen Naturgesetze und Erfahrungen wie sonst gelten und daß sich der maschinenbaulich vorgebildete und erfahrene Fachmann mit der Elektrotechnik — wenigstens soweit es sich um die mechanische Anwendung (elektrische Energieverwendung in Werkstätten) handelt — gut vertraut machen kann. Für viele ist das unerläßlich, denn die richtige Auswahl des elektrischen Antriebes in der Werkstatt und besonders des Einzelantriebes der Werkzeugmaschinen nach dem heutigen Stand der Technik verlangt eine tiefe Einsicht in die Eigenheiten der elektrischen Motoren und Apparate.

Das vorliegende Heft will dem Betriebsmann und dem Konstrukteur, besonders der Werkzeugmaschinen, diese Kenntnisse in den richtigen Grenzen und in einfacher und bequemer Form vermitteln. Es setzt dabei die Kenntnis der allgemeinen Grundlagen der Elektrizitätslehre voraus, wie sie auf jeder technischen Schule gelehrt werden. Aus diesem Grunde konnte auf die Erklärung der Entstehung der Drehbewegung in den Motoren verzichtet werden.

Der Verfasser möchte auch an dieser Stelle Herrn Pollok, Direktor der Allgemeinen Elektricitäts-Gesellschaft, für die freundliche Förderung seiner Arbeit danken.

I. Einleitung.

1. Gleichstrom. Die beiden gebräuchlichsten Leitungssysteme sind in Abb. 1 und 2 dargestellt. Das Dreileitersystem hat den Vorteil, daß man für den Kraftanschluß die doppelte Lichtleitungsspannung, im vorliegenden Fall 440 V, zur Verfügung hat und deshalb nur die halbe Stromstärke braucht, so daß die Leitungen und Kabel schwächer ausgelegt werden können.

Beim Dreileiternetz muß der Nulleiter geerdet, darf aber nicht abgesichert werden, da die Gefahr der Überspannung entsteht, wenn diese Sicherung durchschmilzt. Für Licht darf eine höhere Spannung als 250 V nicht gewählt werden.

Die genormten Betriebsspannungen sind: 110, 220, 440 und 500 V. Es gibt noch höhere, doch kommen diese für die Werkstatt nicht in Betracht.

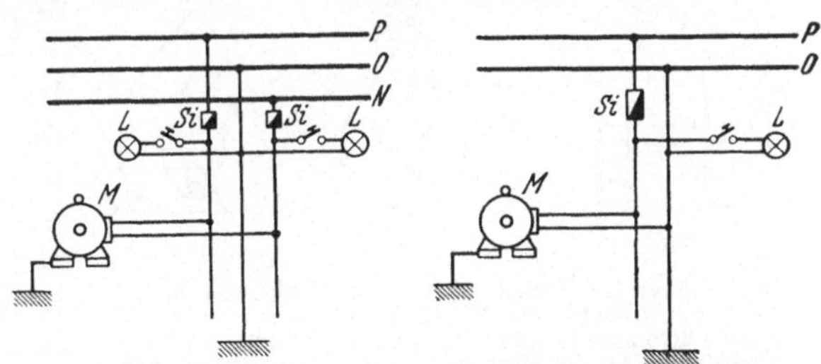

Abb. 1. Gleichstrom-Dreileitersystem. Z. B. Licht 220 V. Kraft 440 V. Nullleiter nicht absichern. Lichtschalter nicht in den Nulleiter legen. Lampen gleichmäßig verteilen. P, N, O Netz: P positiver Leiter, N negativer Leiter, O Nulleiter. M Motor, L Lampen, Si Sicherung.

Abb. 2. Gleichstrom-Zweileitersystem. Licht und Kraft 220 V, mit blankem geerdetem Nulleiter; wird heute nicht mehr angewendet, dafür zwei isolierte und gesicherte Leitungen ungeerdet.

2. Drehstrom. Auch hier unterscheidet man 2 Stromleitungssysteme und zwar Drei- und Vierleitersystem (Abb. 3 und 4). Während beim Dreileitersystem für Licht und Kraft die Spannung gleich ist, ist sie beim Vierleitersystem für Kraft 1,73 $(= \sqrt{3})$ mal höher als für Licht.

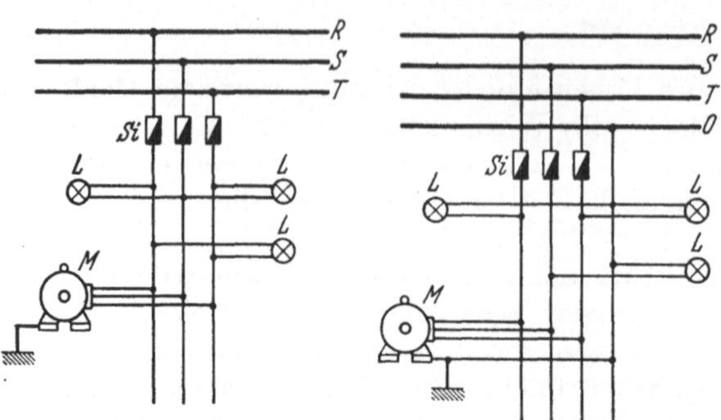

Abb. 3. Drehstrom-Dreileitersystem. Z. B. Licht 220 V, 50 Hz; Kraft 220 V, 50 Hz. Lampen gleichmäßig verteilen. *R, S, T* Netz.

Abb. 4. Drehstrom-Vierleitersystem. Z. B. Licht 220 V, 50 Hz; Kraft 380 V, 50 Hz. Nulleiter nicht absichern.

Die notwendige Stromstärke ist um den gleichen Wert geringer und ermöglicht die Verwendung kleinerer Leitungs- und Kabelquerschnitte.

Für die Werkstatt kommen folgende genormte Betriebsspannungen in Betracht: 125, 220, 380, 500 V. Die Frequenz beträgt in Deutschland allgemein 50 Hz (= 50 Hertz = 50 Perioden je Sekunde). Normal ist das Vierleitersystem mit 220 V für Licht und kleine Einphasenmotoren und 380V für Drehstrommotoren.

3. Allgemeine Betrachtungen. Die für die Werkstatt am häufigsten zur Verfügung stehende Stromart ist ohne Frage der Drehstrom. Weil er einfach durch Transformatoren hoch gespannt werden kann, ist es möglich, mit ihm große Energiemengen sehr wirtschaftlich auf weite Entfernungen zu übertragen; denn die Leitungsquerschnitte werden verhältnismäßig klein. Von günstig liegenden Kraftwerken aus wird er den Verbraucherstellen, die entweder aus einem Zusammenschluß vieler Abnehmer bestehen oder aber auch ohne weiteres Einzelverbraucher sein können, zugeführt und hier auf die gewünschte Betriebsspannung ebenfalls durch Transformatoren umgespannt. Diese bedürfen weiter keiner nennenswerten Wartung, da sie ohne jede mechanische Bewegung und somit ohne Baustoffabnutzung und außerdem mit einem Mindestmaß von Verlusten arbeiten. Von besonderer Bedeutung für die Verbreitung des Drehstromes ist ferner die einfache, betriebssichere und damit billige Ausführung der Motoren und Schaltgeräte. In der Werkstatt selbst wird deshalb der Drehstrom überall dort, wo keine Drehzahlregelung der Antriebsmotoren notwendig ist, der wirtschaftlichste Antrieb sein. Tatsächlich benötigen aber sehr viele Werkzeugmaschinen einen regelbaren Antrieb, der um so besser ist, je feinstufiger er ausgeführt werden kann. Bei Drehstrom ist eine elektrische

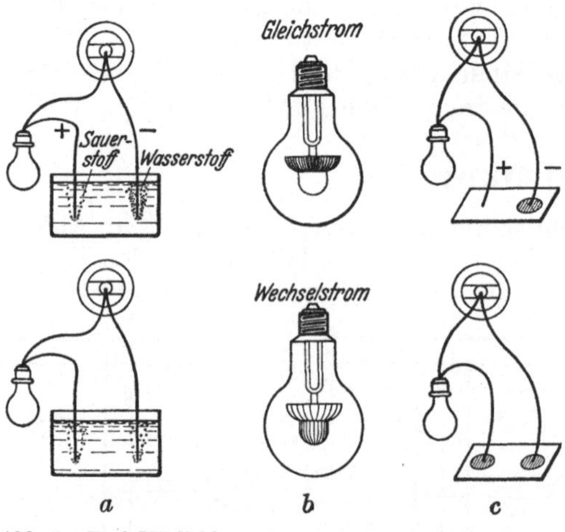

Abb. 5. Drei Möglichkeiten, um an Steckdosen in Betrieben mit Gleich- und Wechselstrom die jeweils vorhandene Stromart zu erkennen. *a* Durch Wasserzersetzung. Gleichstrom: An der Minuselektrode entwickelt sich doppelt soviel Gas wie an der Pluselektrode. Wechselstrom: Beide Elektroden schäumen gleichmäßig. *b* Durch Glimmlampe. Gleichstrom: Die Kathode der Lampe allein leuchtet lilafarben hell auf. Wechselstrom: Anode und Kathode der Lampe leuchten auf, aber ganz unbestimmt. *c* Durch Lackmuspapier. Gleichstrom: Am Minuspol färbt sich das angefeuchtete Papier rot. Wechselstrom: An beiden Polen tritt Rotfärbung des angefeuchteten Papieres ein.

Regelung nur in großen Stufen durch Polumschaltung möglich (s. Abschn. 32). An dieser Stelle sei schon der Drehstromnebenschlußkollektormotor (s. Abschn. III E) erwähnt, der wohl stufenlos regelbar ist, aber für Werkzeugmaschinen wenig verwendet wird, weil seine Leistung mit der Drehzahl sinkt, während die meisten Werkzeugmaschinen gleiche Leistung über den ganzen Regelbereich benötigen. Dadurch müßten verhältnismäßig große Motoren genommen werden, die dann auch dementsprechend teuer sind. Eine feinstufige Regelung und damit eine gute Anpassung der Arbeitsgeschwindigkeiten an den jeweiligen Arbeitsgang läßt sich dagegen in einfacher und wirtschaftlicher Weise durch Verwendung von Gleichstrom-Nebenschlußreguliermotoren erreichen. Die Vorteile dieser Motoren (s. Abschn. II A) sind so groß, daß man sich nicht scheuen sollte, bei Vorhandensein von Drehstrom den für die Erzeugung von Gleichstrom notwendigen Umformer oder Gleichrichter aufzustellen.

Es ist das allein Richtige und Wirtschaftliche, für jede Maschine die Stromart zu wählen, die sie verlangt.

Hat eine Werkstatt Gleich- und Wechselstrom, so kann in Zweifelsfällen nach Abb. 5 die Stromart leicht bestimmt werden.

II. Der Gleichstrommotor.

A. Der Gleichstrom-Nebenschlußmotor.

4. Allgemeines. Der Nebenschlußmotor besitzt eine aus vielen Windungen dünnen Drahtes bestehende Erregerwicklung, die dem Anker parallel geschaltet ist (Abb. 6). Sie hat einen so großen Widerstand, daß sie trotz des Anschlusses an die volle Klemmenspannung nur einen schwachen Erregerstrom aufnimmt, der nur einen sehr geringen Teil des Ankerstromes ausmacht. Außerdem erhalten die für die Werkstatt in Betracht kommenden Gleichstrommotoren fast sämtlich — mit Ausnahme der für ganz kleine Leistungen — eine schwache Hauptstromwicklung (Sicherheits-Kompoundwicklung). Diese Wicklung, die vom Ankerstrom durchflossen wird, besteht aus sehr wenigen Windungen starken Drahtes und hat dadurch auf das eigentliche Verhalten (Charakteristik) eines Nebenschluß-

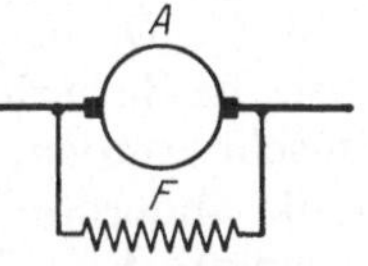

Abb. 6. Grundsätzliche Schaltung des Nebenschlußmotors. *A* Anker, *F* Erregerwicklung (Feld).

motors keinen wesentlichen Einfluß. Um eine funkenfreie Stromwendung unter den Bürsten bei allen Belastungen sowie bei häufigem Drehrichtungswechsel zu ermöglichen und damit eine gute Ausnutzung des Motors, erhalten fast alle Motoren außer den Hauptpolen kleine dazwischen liegende Hilfspole (Wendepole, Abb. 7), deren Wicklung ebenfalls vom Ankerstrom durchflossen wird. Die Motoren müssen selbstverständlich auch bei plötzlichen Belastungsänderungen zwischen Leerlauf und Vollast funkenfrei arbeiten, ohne daß die Bürsten irgendwie verstellt zu werden brauchen. Sie müssen zu diesem Zweck in der sogenannten neutralen Zone radial zum Stromwender stehen. Sondermotoren für besonders große Regelbereiche und hohes Anzugsmoment erhalten außerdem noch eine einem ähnlichen Zweck wie die Wendepole dienende Kompensationswicklung, die in den Polschuhen der Hauptpole untergebracht wird und die Feldverzerrung aufhebt, die durch die Quermagnetisierung des Ankers entsteht.

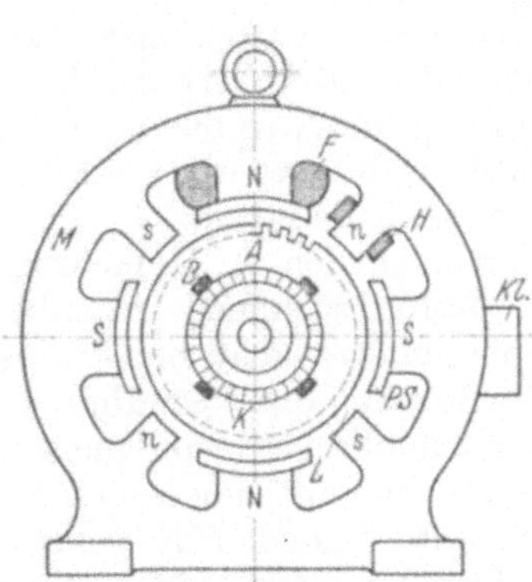

Abb. 7. Aufbau eines Gleichstrommotors. *A* Anker mit Ankerspulen. *B* Bürsten mit Bürstenhalter auf Bürstenbolzen, diese auf Bürstenstern. *F* Feldmagnetspule (Feldwicklung). *H* Hilfspolspule (Hilfspolwicklung). *K* Stromwender (Kollektor, Kommutator). *Kl* Klemmbrett. *L* Luftspalt. *M* Magnetgehäuse mit Feldmagneten. *N, S* Nord- bzw. Südhauptpol. *n, s* Nord- bzw. Südhilfspol (Wendepole). *PS* Polschuh.

5. Schaltung und genormte Klemmenbezeichnungen gehen im einzelnen aus Abb. 8 hervor. Des besseren Verständnisses wegen wurde in jedem Fall der Anlasser mit eingezeichnet. Bei Schaltschema III werden die Klemmen B und G bereits im Motor verbunden, so daß man am Klemmbrett nur die gemeinsamen Anschlüsse A und HB für Anker und Wendepole hat. Aus dieser Bezeichnung ist übrigens auch sofort zu ersehen, daß der Motor Wendepole besitzt.

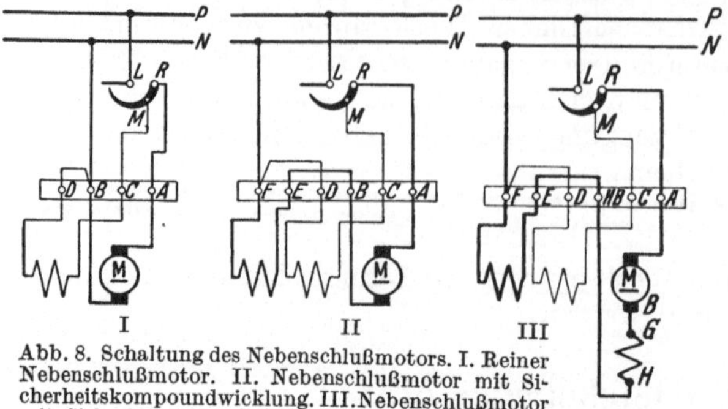

6. Drehrichtungswechsel. Der Drehsinn des Nebenschlußmotors kann entweder durch Umkehrung der Stromrichtung im Anker oder im Feld geändert werden, niemals aber durch beide zugleich; er liefe dann in der gleichen Drehrichtung weiter. Am vorteilhaftesten ist es, immer nur im Anker umzuschalten, da hierbei nur die

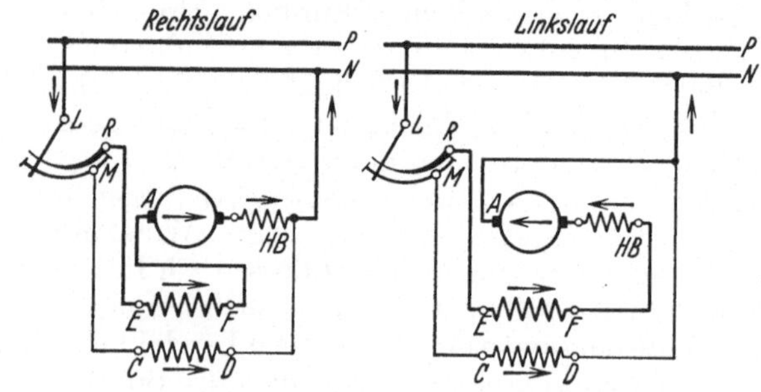

Abb. 8. Schaltung des Nebenschlußmotors. I. Reiner Nebenschlußmotor. II. Nebenschlußmotor mit Sicherheitskompoundwicklung. III. Nebenschlußmotor mit Sicherheitskompound- und Hilfspol-(Wendepol-)Wicklung. AB Klemmen der Ankerwicklung. CD Klemmen der Erregerwicklung (des Feldes). EF Klemmen der Sicherheitskompoundwicklung. GH Klemmen der Hilfspol-(Wendepol-)Wicklung. P, N Gleichstromnetz. L, M, R Klemmen des Anlassers.

Klemmen A und B vertauscht zu werden brauchen, woraus sich einfache Schaltgeräte ergeben. Dieses wäre nicht der Fall, wenn statt dessen das Feld C—D umgeschaltet würde. Mit diesem zusammen müßte dann nämlich auch die Sicherheits-Kompoundwicklung E—F (also insgesamt 4 Klemmen) vertauscht werden, da in dieser immer die gleiche Stromrichtung wie im Feld sein muß, andernfalls sie das Nebenschlußfeld schwächen würde (Gegenkompoundierung). Eine Umschaltung des Feldes ist bei den Motoren, die oft und schnell umgesteuert werden müssen, ferner aus dem Grunde nicht angebracht, weil infolge der Spannung der Selbstinduktion, die beim Schalten auftritt und vernichtet werden muß, Zeit und elektrische Arbeit verloren gingen. Schließlich ermöglicht die Beibehaltung der gleichen Stromrichtung im Feld die vorteilhafte und wirtschaftliche Ankerkurzschlußbremsung durch einfache Schaltgeräte. Daß zusammen mit dem Anker auch die Stromrichtung in den Wendepolen bei Umkehrung des Motordrehsinnes geändert werden muß, macht nichts aus, da, wie schon oben erwähnt, an den Klemmbrettern der meisten Motoren die Anschlüsse des Ankers mit A und HB gekennzeichnet sind, also die Wendepolwicklung schon fest mit dem einen Ende des Ankers im Innern des Motors verbunden ist. Die Abb. 9 zeigt nochmals zusammenfassend einen Gleichstrom-Nebenschlußmotor mit Wendepolen und Sicherheits-Kompoundwicklung für Rechts- und Linkslauf. Kommt ein betriebsmäßiges Umschalten des Motors in Betracht, so muß parallel zum Feld (C—D) ein Feldschutzwiderstand angeordnet sein, damit keine Überspannungen entstehen können, die durch hohe Selbstinduktion hervorgerufen würden.

Abb. 9. Stromverlauf in einem Nebenschlußmotor mit Sicherheitskompound- und Wendepolwicklung.

7. Drehzahl, Drehmoment, Wirkungsgrad. Ihre Abhängigkeit von der Belastung geht im einzelnen aus der Charakteristik Abb. 10 hervor. Die Drehzahl eines Motors mit Nebenschlußcharakteristik ist nahezu unabhängig von der Belastung, vorausgesetzt natürlich, daß sich die Klemmenspannung nicht ändert. Der Unterschied der Drehzahl bei Voll-last und Leerlauf ist von der Größe der Motoren und ferner davon abhängig, ob es sich um Reguliermotoren handelt. Bei normalen Motoren hält er sich in den Grenzen von 5...15%, und zwar ist der Abfall um so kleiner, je größer die Motoren sind. Bei Reguliermotoren, die mit einer besonderen Sicherheits-Kompoundwicklung ausgerüstet sind, kann der Unterschied besonders bei den höheren Drehzahlen bis 25% betragen, weil das Nebenschlußfeld für die Regulierung geschwächt wird und das von der Sicher-

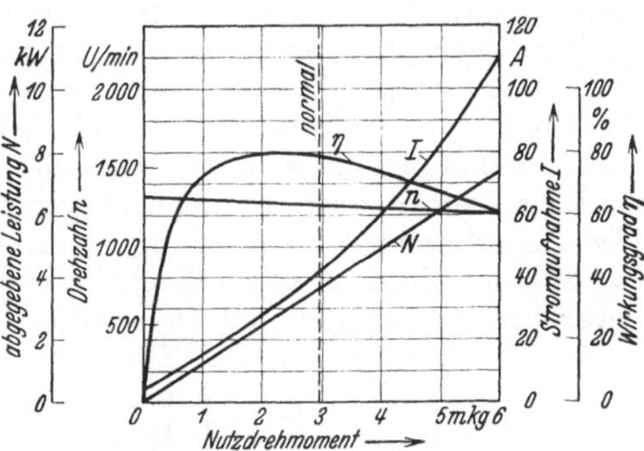

Abb. 10. Betriebskurven eines Nebenschlußmotors 3,7 kW (dauernd), 110 V Klemmenspannung.

heits-Kompoundwicklung gebildete Feld größeren Einfluß erhält. Das Drehmoment ändert sich gleichmäßig mit der aufgenommenen Leistung. Die Wirkungsgradlinie soll zeigen, daß der Motor bei $1/_4$, $1/_2$ und $3/_4$ Last einen sehr guten Wirkungsgrad besitzt.

8. Anlaufverhältnisse. Der Gleichstrom-Nebenschlußmotor darf niemals unmittelbar eingeschaltet werden, da er hierbei einen unzulässig hohen Strom aufnähme. Dieser könnte den Stromwender (Kommutator) oder die Wicklung zerstören, die Lötstellen lösen und die Isolation verkohlen, wenn für einen solchen Fall der Motor nicht durch eine geeignete Sicherung oder einen Schutzschalter geschützt wäre. Der hohe Einschaltstrom kommt daher, daß im Augenblick des Einschaltens die volle Netzspannung an den Anker gelegt wird, der nur einen sehr kleinen Widerstand hat. Nach dem Ohmschen Gesetz $I = \dfrac{U}{W}$ hat ein kleiner Widerstand eine sehr hohe Stromaufnahme zur Folge. Ganz anders liegen die Verhältnisse, sobald der Motor läuft, da er dann eine Gegenspannung erzeugt, die nur wenig kleiner als die Netzspannung ist. Es muß zum Anlassen ein Widerstand vor den Anker geschaltet werden, um die Stromstärke zu begrenzen. Zu beachten ist, daß der Anlaßwiderstand nur im Ankerstromkreis liegt, während das Feld auch im Verlauf des Anlaßvorganges immer die volle Netzspannung erhalten muß. Aus diesem Grunde sind zwischen dem Nebenschlußmotor und dem Anlasser wenigstens 3 Zuleitungen notwendig. Nur die ganz kleinen Motoren können unmittelbar eingeschaltet werden, da ihr Ankerwiderstand verhältnismäßig hoch ist. Es können aber auch größere Motoren, die aus irgendwelchen Gründen (z. B. Verstellantriebe) unmittelbar eingeschaltet werden sollen, durch Vorschalten eines Dauervorschaltwiderstandes unmittelbar an das Netz gelegt werden. Da dieser Widerstand aber mit dem Motor zusammen eingeschaltet bleibt und nutzlos einen Teil der Leistung vernichtet, eignet sich diese Anlaßart nur für kurzzeitigen Betrieb. Die Drehzahl des Motors wird natürlich durch den Vorschaltwiderstand entsprechend herabgesetzt.

Für die Bestimmung des Anlassers ist das Lastmoment von Bedeutung. Entspricht dieses dem Nennmoment des Motors, so muß ein Anlasser gewählt werden, der während des Anlaufens etwa im Mittel das 1,5fache Moment zuläßt, damit der Motor sich beschleunigt. Die Beschleunigungszeit, d. h. die Anlaufzeit, ergibt sich durch den Überschuß des mittleren Motormomentes gegenüber dem Lastmoment. Ist der Überschuß klein, so ist natürlich die Anlaufzeit lang und umgekehrt. Man kann daher mit einem Vollastanlasser auch den Motor anlassen, wenn das Gegenmoment klein ist. In einem solchen Fall wird der Motor in kurzer Zeit hoch laufen. Kommt Leer- oder Halblastanlauf in Betracht, so können kleinere Anlasser gewählt werden. Ist jedoch das Lastmoment nicht bekannt, so ist es stets empfehlenswert, den Anlasser für Vollastanlauf vorzusehen, da die Gefahr besteht, daß die Widerstände bei zu knapper Bemessung zu heiß werden und durchbrennen. Wird aus besonderen Gründen ein sanfter Anlauf gefordert, so kann der Anlasser so ausgelegt werden, daß der Einschaltstrom und damit das Anlaufmoment klein ist und dann stufenweise gesteigert wird.

Soll der Motor in seiner Drehrichtung auch umgekehrt werden, so ist es stets zweckmäßig, Anlasser und Umschalter in einem Gerät zu vereinigen (Abb. 11).

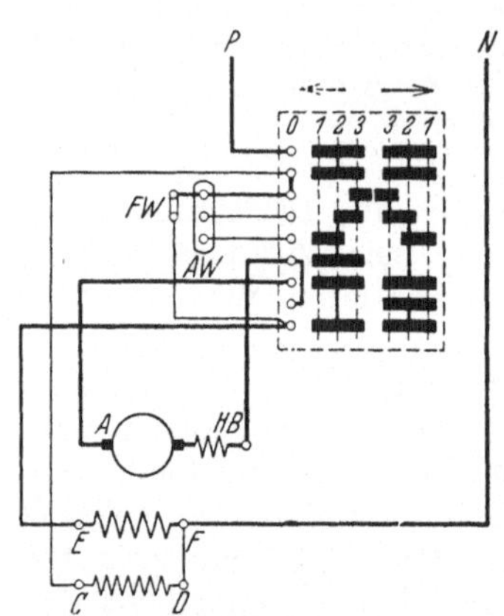

Hierdurch wird verhindert, daß die Drehrichtung ohne Benutzung des Anlassers unmittelbar umgekehrt wird.

Richtiges Anlassen verlangt, bei jeder Stufe so lange zu warten, bis der Motor sich genügend beschleunigt hat, was um so länger dauert, je schwerer der Anlauf ist. Für Maschinen mit schwerem Anlauf soll stets ein Strommesser vorhanden sein, der während des Anlaufens zu beobachten ist. Auf die nächste Stufe kann weitergeschaltet werden, wenn der Zeiger des Strommessers genügend weit gefallen ist.

9. Regelung. Eine Regelung des Nebenschlußmotors ist zunächst dadurch möglich, daß man in den Ankerstromkreis Widerstände einschaltet und dadurch die Drehzahl herabreguliert. Diese Regelung erfolgt bei ungefähr gleichbleibendem Drehmoment, d. h. die Leistung sinkt hierbei ungefähr in gleichem Maße wie die Umdrehungszahl abnimmt, bei vielen Motoren sogar wesentlich mehr, da bei den niederen Drehzahlen die Kühlung durch den im Motor vorhandenen Ventilator nicht mehr wirksam ist. Es ist deshalb angebracht, sich bei den einzelnen Motoren immer zu vergewissern, wie weit und unter welchen Bedingungen nach abwärts geregelt werden kann. Diese Regelung ist aber sehr unwirtschaftlich, da man dem Motor die volle Leistung zuführen muß, von dieser aber nur einen Teil ausnützt; denn der zur Herabsetzung der Drehzahl im Vorschaltwiderstand zu vernichtende Teil wird in Wärme umgesetzt und geht nutzlos verloren. Der Wirkungsgrad ist in diesem Falle sehr schlecht: er sinkt ungefähr im Verhältnis der Umdrehungszahlen $n_1 : n$, wenn n_1 die eingestellte verringerte Drehzahl bedeutet und n die normale Drehzahl des Motors. Der größte Nachteil dieser Regelung und der Grund, weshalb sie für Werkzeugmaschinenantriebe nicht zu verwenden ist, ist der, daß die Regelung von der Belastung abhängig ist. Dadurch ist es ganz unmöglich, eine bestimmte Drehzahl, auf deren Einhaltung selbstverständlich Wert gelegt werden muß, einzustellen. Der Motor wird bei Entlastung sofort hochlaufen und bei Belastung dann wieder abfallen.

Im Gegensatz hierzu ist die Regelung eines Nebenschlußmotors durch Schwächung seines Feldes (Nebenschlußregelung) von außerordentlich großer Bedeutung für den Motor in der Werkstatt, weil sie praktisch verlustlos bei gleichbleibender Leistung und sehr feinstufig möglich ist. Diese Regelung geht von der Grunddreh-

Abb. 11. Schaltbild eines Nebenschluß-motors mit Umkehranlasser. ⟶ Schaltung für Rechtslauf des Motors. ⟵ Schaltung für Linkslauf des Motors. *AW* Anlasserwiderstand. *FW* Feldschutzwiderstand.

zahl (normale Drehzahl) des Motors nach oben bis ungefähr 1 : 5 und mehr. Aus praktischen Erwägungen heraus dürfte aber eine Regelung von über 1 : 3 kaum zu empfehlen sein, da der Motor die jeweils benötigte Leistung schon bei seiner Grunddrehzahl abgeben muß. Diese würde bei einer Regelung von 1 : 5 außerordentlich niedrig sein, da die Grenzdrehzahl nach oben hin sowohl aus rein mechanischen als auch aus elektrischen Gründen gezogen ist und bei den kleineren Motoren ungefähr 3000 U/min bei Vollast beträgt. In diesem Falle müßte der Motor die verlangte Leistung schon bei 600 U/min abgeben, wodurch ein großes und damit teures Modell gewählt werden müßte. Bei einer Regelung von 1 : 3 dagegen liegen die Verhältnisse wesentlich günstiger, da man in diesem Falle mit einer Grunddrehzahl von 1000 U/min und damit einem kleineren und billigeren Motormodell auskommt. Zu beachten ist, daß im allgemeinen normale Gleichstrom-Nebenschlußmotoren nur um 50% im Feld reguliert werden können, ohne daß ein schädliches Feuern am Kommutator auftritt. Für größere Regelbereiche werden die Motoren besonders ausgelegt und erhalten eine verstärkte Sicherheits-Kompoundwicklung.

10. Leonard-Antrieb. Wird ein großer Motorregelbereich benötigt, bei dem wieder die jeweils gewünschte Drehzahl annähernd unabhängig von der Belastung eingestellt werden soll, so kommt der Leonard-Antrieb in Betracht. Dieser ermöglicht auf rein elektrischem Wege eine praktisch stufenlose Regelung und wird von den größten bis zu den kleinsten Leistungen ausgeführt. Die Grundlage der Schaltung geht aus Abb. 12 hervor. Der Leonard-Satz besteht zunächst aus einem Leonard-Generator L, der den gesamten Strom für den Arbeitsmotor M liefert, und deshalb unter Berücksichtigung der Verluste eine etwas höhere Leistung aufweisen muß als dieser. Der Antriebsmotor D des Leonard-Satzes kann ein Dreh- oder Gleichstrom-Nebenschlußmotor sein, je nachdem, was für eine Stromart zur Verfügung steht. Die für die Erregung des Generators sowie für die des Arbeits-

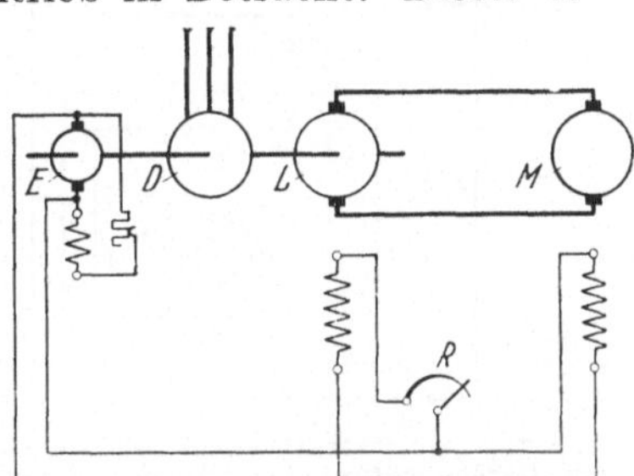

Abb. 12. Grundsätzliche Schaltung des Leonardantriebes. D Drehstrom-Antriebsmotor. L Leonard-Generator. M Arbeitsmotor. E Erregergenerator. R Regler.

motors notwendige Energie liefert eine besondere Erregermaschine E, die ebenfalls mit dem Motorgenerator mechanisch gekuppelt ist, sofern nicht ein Gleichstromnetz zur Verfügung steht. Die Drehzahl des Arbeitsmotors M wird dadurch geregelt, daß man durch einen feinstufigen Regelwiderstand R die Erregung des Leonard-Generators und damit dessen Klemmenspannung zwischen 0 und einem Höchstwert ändert. Jedem Werte der Generatorspannung entspricht eine bestimmte Umdrehungszahl des Arbeitsmotors, die er bei allen Leistungen bzw. bei jedem Drehmoment stets annähernd beibehält. Geregelt wird bei gleichbleibendem Moment. Der Arbeitsmotor kann dadurch in einem noch größeren Bereich geregelt werden, daß man den Generator auf die höchste Spannung und damit den Arbeitsmotor auf die höchste Drehzahl reguliert, um sodann die normale Nebenschlußregelung für den Arbeitsmotor in der bekannten Weise anzuwenden. Hierzu wird in den Erregerkreis des Arbeitsmotors ebenfalls ein feinstufiger Regelwiderstand eingebaut und dadurch der Motor nochmals durch Schwächung seines Feldes im Nebenschluß hochgeregelt. Es wird dann bei gleichbleibender Leistung geregelt, und zwar mit der Leistung, die der Arbeitsmotor bei der höchsten mit dem Leonard-Generator erreichbaren Spannung aufbringt. Es lassen sich hierdurch bei der Leonard-Schaltung ohne Schwierigkeiten große Regelbereiche erfassen. Das Verhältnis der Regelung im Ankerstromkreis zu der im Feld des Arbeitsmotors ergibt sich von Fall zu Fall je nach dem gewünschten Gesamtregelbereich und nach der Ausführung der einzelnen Maschinen. Ein weiterer Vorteil der Leonard-Schaltung besteht darin, daß die Anlaß- und Regelapparate R für den Arbeitsmotor im Erregerstromkreis des Generators liegen und deshalb nur für kleine Ströme bemessen zu werden brauchen. Dieses fällt besonders bei großen Motoren, die häufig angelassen oder in der Drehrichtung umgekehrt werden müssen, ins Gewicht. Für den Antriebsmotor des Leonard-Satzes genügt ein normaler Schalter oder Anlasser für Halblastanlauf. Die Drehrichtung des Arbeitsmotors wird dadurch gewechselt, daß man den Erregerstrom des Generators umkehrt.

11. Zu- und Gegenschaltung. Außer mit dem Leonard-Antrieb kann über einen großen Drehzahlbereich praktisch verlustlos und feinstufig auch durch die „Zu- und Gegenschaltung" in wirtschaftlicher Weise geregelt werden. Ein allgemeines Schaltschema zum Anschluß an ein Drehstromnetz ist in Abb. 13 dargestellt. Der grundlegende Unterschied zwischen der Leonard- und der Zu- und Gegenschaltung besteht darin, daß bei dieser der Arbeitsmotor M von einem Gleichstromgenerator gleichbleibender Spannung (Konstantgenerator) K unter Zwischenschaltung eines Regelgenerators, des Zu- und Gegenschaltungsgenerators Z, gespeist wird. Beide Generatoren werden durch einen Drehstrommotor D angetrieben. Ist ein Gleichstromnetz vorhanden, so ist der Konstantgenerator nicht mehr erforderlich. Das vorhandene Netz muß allerdings eine genügende Belastungsfähigkeit und gleichbleibende Spannung haben, damit einwandfrei geregelt werden kann. Der Arbeitsmotor wird fast stets für 440 V höchste Ankerspannung gewählt, damit er immer noch eine ausreichende Spannung bei den niederen Drehzahlen hat, so daß ein großer Regelbereich verfügbar ist. Um die dem Arbeitsmotor zugeführte Spannung zwischen 0 und 440 V

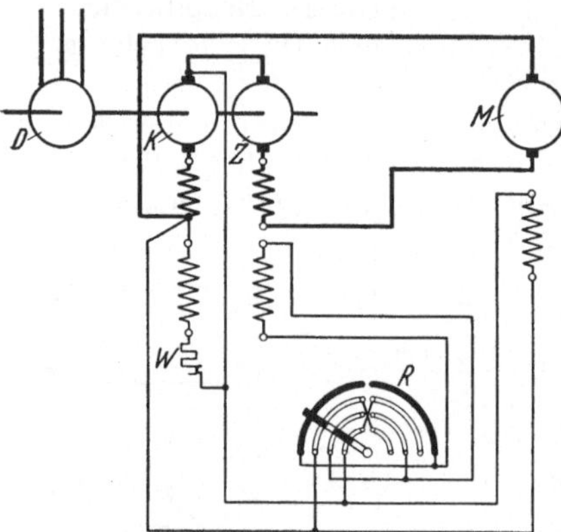

Abb. 13. Grundsätzliches Schaltbild der Zu- und Gegenschaltung bei Anschluß an ein Drehstromnetz. D Drehstromantriebsmotor. K Konstantgenerator. Z Zu- und Gegenschaltungsgenerator. M Arbeitsmotor. W Widerstand. R Regler.

zu regeln, wird zunächst der Zu- und Gegenschaltungsgenerator Z so erregt, daß seine Ankerspannung etwa 220 V beträgt, aber der Spannung des Konstantgenerators K, der ebenfalls für 220 V ausgelegt ist, bzw. des Netzes bei Gleichstromanschluß, entgegengerichtet ist. Jetzt wird die Erregung des Zu- und Gegenschaltungsgenerators allmählich geschwächt, wodurch seine Ankerspannung stetig bis zum Wert 0 abnimmt. Dadurch steigt die Spannung des Arbeitsmotors immer höher, bis sie schließlich die gleiche Höhe wie die Spannung des Konstantgenerators bzw. des Gleichstromnetzes hat. Der Arbeitsmotor wird also in diesem Fall mit seiner halben Drehzahl laufen. Sodann wird durch Weiterdrehen des Umschaltregulators R das Feld des Zu- und Gegenschaltungsgenerators umgekehrt und fortschreitend von 0 bis zum Höchstwert erregt. Da aber nunmehr diese anwachsende Ankerspannung mit der der gleichbleibenden Stromquelle (Konstantgenerator bzw. Gleichstromnetz) gleichgerichtet ist, addieren sich beide, so daß die Ankerspannung des Arbeitsmotors von 220 auf 440 V steigt, wodurch er auf seine volle Drehzahl kommt.

Es wird bei gleichbleibendem Moment geregelt, wobei die jeweils eingestellte Drehzahl annähernd gleich bleibt. Genau wie beim Leonard-Antrieb kann man jetzt noch den Regelbereich dadurch erweitern, daß man das Feld des Arbeitsmotors schwächt und dadurch eine Nebenschlußregelung bei gleichbleibender

Leistung erhält. Von Vorteil ist es ferner, daß die Drehzahl durch Änderung des sehr kleinen Erregerstromes des Zu- und Gegenschaltungsgenerators bzw. des Arbeitsmotors geregelt wird, wodurch nur geringe Energieverluste in den Widerständen entstehen und kleine Schaltgeräte möglich werden. Die Drehrichtung des Arbeitsmotors wird dadurch gewechselt, daß man den Arbeitsmotor, wie unter Abschnitt 6 beschrieben, umschaltet. Der Zu- und Gegenschaltungsgenerator arbeitet im Bereich der Gegenschaltung als Motor und gibt dadurch seine dem Konstantgenerator entnommene elektrische Energie als mechanische Arbeitsenergie zurück, wodurch er den Drehstrommotor entlastet.

Die Zu- und Gegenschaltung hat für die Werkstatt nicht die Bedeutung wie der Leonard-Antrieb, weil sich ihre Anlagekosten bei vorhandenem Drehstrom höher stellen. Hier sind zwei Maschinen, der Konstant- sowie der Zu- und Gegenschaltungsgenerator, jeder allerdings nur für die halbe Leistung, notwendig, die im Preise höher liegen als der eine Generator bei der Leonard-Schaltung. Günstig liegen dagegen die Verhältnisse für die Zu- und Gegenschaltung, wenn ein Gleichstromnetz vorhanden ist, da dann nur der Zu- und Gegenschaltungsgenerator benötigt wird und dieser im Gegensatz zum Leonard-Generator nur für ungefähr die halbe Leistung des Arbeitsmotors ausgelegt zu werden braucht.

12. Bremsung des Gleichstrom-Nebenschlußmotors. a) Durch Ankerkurzschlußbremsung. Die Gleichstrommotoren können einfach und billig dadurch abgebremst werden, daß man ihre Eigenschaft, ohne weiteres auch als Generator arbeiten zu können, ausnützt. Hierbei wird der umlaufende Anker des Motors vom Netz abgeschaltet und über einen entsprechend bemessenen Widerstand kurzgeschlossen. Die vorhandene Bewegungsenergie wird dadurch in elektrische umgewandelt und dann in dem Bremswiderstand vernichtet. Da dieser Widerstand außerhalb des Motors liegt, wird jede unzulässige Erwärmung vom Motor ferngehalten. Die Zahl der Abbremsungen kann demgemäß durch entsprechende Auslegung des Bremswiderstandes den Anforderungen des jeweiligen Betriebes angepaßt werden. Normale Motoren lassen eine Bremsung mit dem ein- und zweifachen Nennstrom des Motors zu, während bei besonderen Motorausführungen der Bremsstrom bis zum Vierfachen des Nennstroms gesteigert werden kann. Das auftretende Bremsmoment ändert sich mit dem Bremsstrom. Da dieser mit abnehmender Drehzahl fällt, sinkt auch das Bremsmoment und erreicht bei Stillstand den Nullwert. Die Bremswirkung kann dadurch erhöht werden, daß man durch mehrmalige Verkleinerungen des Bremswiderstandes den abklingenden Bremsstrom immer wieder auf die ursprüngliche Größe bringt. Hierfür empfiehlt es sich aber genau zu untersuchen, ob der beim Bremsen erzielte Zeitgewinn bei den immerhin verhältnismäßig kleinen Schwungmassen der meisten Werkzeugmaschinen gegebenenfalls größere Aufwendungen an den Schaltapparaten rechtfertigt. Bei den Hauptantrieben größerer Werkzeugmaschinen wird es sich dagegen empfehlen, eine zweistufige Ankerkurzschlußbremsung anzuwenden und die Bremsung in eine Vor- und Hauptbremsung zu unterteilen. Die Vorbremsung hat den Zweck, die sonst beim Drehrichtungswechsel im Getriebe auftretenden Stöße zu verhindern. Haben sich dann die Zahnräder und Schwungmassen auf die neue Kraftrichtung umgestellt, so folgt die kräftige Hauptbremsung und damit die sofortige Stillsetzung des Antriebes. Zweckmäßigerweise wird man den Widerstand für die Vorbremsung so auslegen, daß der Bremsstrom etwa den dritten Teil des Motornennstromes beträgt. Die Hauptbremsung wird man dann wieder mit dem mindestens gleichen Strom wie der Nennstrom des Motors vornehmen. Das Feld muß beim Bremsen eingeschaltet sein, da sonst keine Bremswirkung vorhanden ist.

b) Durch Nutzbremsung. Bei Antrieben, die sehr häufig mit kurzen

Bremszeiten stillgesetzt oder umgesteuert werden (z. B. Hobelmaschinenantriebe) kann ein Teil der beim Anlauf zur Massenbeschleunigung aufgewandten Arbeit zurückgewonnen werden, zumal, besonders bei größeren Antrieben, diese nicht unbedeutend ist und als wirtschaftlicher Faktor in Rechnung gesetzt werden muß. Außerdem hat man hierbei den Vorzug einer schnellen Abbremsung. Diese Rückgewinnung kann man bei Nebenschlußregelmotoren dadurch erreichen, daß vor dem Abschalten des Motors vom Netz das zur Drehzahlerhöhung geschwächte Nebenschlußfeld wieder auf seine volle Stärke gebracht wird. Hierdurch geht der Motor sofort auf seine Grunddrehzahl zurück und gibt die freiwerdende Arbeit in das Netz zurück. Der auftretende Rückstrom ist von der Geschwindigkeit abhängig, mit der das Feld verstärkt wird. Er wird von den im Netz liegenden Stromverbrauchern und sonstigen Apparaten ohne weiteres aufgenommen und entlastet dadurch den Stromerzeuger, falls ein solcher im Betrieb vorhanden ist. Umlaufende Umformer (Motorgeneratoren) können Rückströme auch aufnehmen, wenn keine anderen Motoren oder sonstigen Stromverbraucher angeschlossen sind. Anders liegen die Verhältnisse, sobald Gleichrichter zur Erzeugung des Gleichstromes verwendet werden, da sie elektrische Arbeit ins ursprüngliche Netz nicht zurückliefern können. Die Spannungserhöhung im Regelmotor durch Feldverstärkung kann eine erhebliche Spannungserhöhung im Gleichstromnetz zur Folge haben. Es müssen also in solchem Falle Überspannungen, bevor sie Schaden anrichten können, vernichtet werden. Man erreicht dieses durch eine Sicherheitseinrichtung, bestehend aus einem Spannungswächter, der bei 10% Überspannung durch ein Schütz (selbsttätiger Fernschalter) einen Widerstand einschaltet, der den Überstrom aufnimmt. Nach dem Rückgang der Netzspannung auf den Sollwert schaltet der Wächter den Widerstand dann wieder aus (Abb. 14).

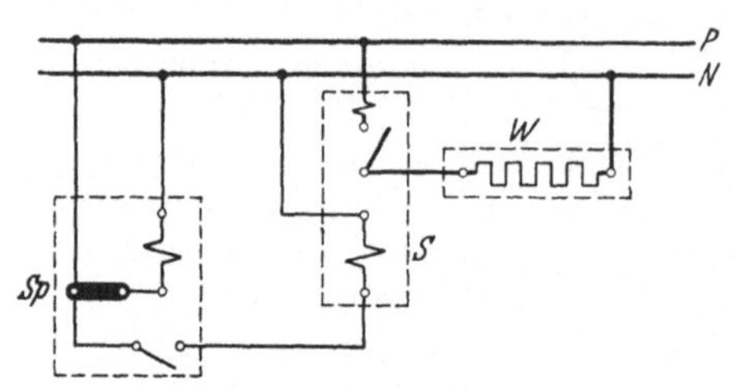

Abb. 14. Schaltbild einer Sicherheitsvorrichtung bei Anschluß von Reguliermotoren an Gleichrichternetze. *Sp* Spannungswächter. *S* Schütz. *W* Widerstand.

c) Durch Gegenstrombremsung. Obwohl es an und für sich nahe liegt, mit Gegenstrom zu bremsen, empfiehlt es sich nicht, dieses zu tun, da leicht unzulässig hohe Ströme entstehen können; ist doch der auftretende Bremsstrom bei vorgeschaltetem Anlaßwiderstand doppelt so groß wie der Einschaltstrom. Fährt man also z. B. normal mit dem 1,5fachen Anlaufmoment an, so wächst das Bremsmoment bei der Gegenstrombremsung auf das 3fache normale Moment. Hieraus folgt, daß der Motor und damit die Werkzeugmaschine außerordentlich scharf gebremst wird. Man sollte deshalb diese Art des Bremsens nur dort anwenden, wo sie aus Sicherheitsgründen vielleicht erforderlich ist. Abgesehen davon, daß hier der zum Bremsen notwendige Strom im Gegensatz zu den oben erwähnten Bremsarten aus dem Netz genommen wird, muß noch beachtet werden, daß der Motor im richtigen Augenblick abgeschaltet wird, damit er nicht in der entgegengesetzten Richtung hochläuft. Es sei denn, daß dieses erwünscht ist.

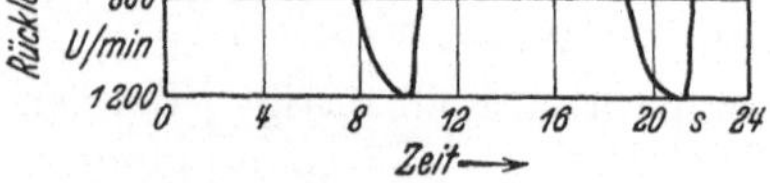

Abb. 15. Geschwindigkeitsschaubild eines 45-PS-Hochleistungs-Hobelmaschinenantriebes. Schnittgeschwindigkeit etwa 21 m/min, entsprechend etwa 700 Motor U/min; Rücklaufgeschwindigkeit etwa 36 m/min, entsprechend etwa 1200 Motor-U/min. Hublänge etwa 1,9 m.

Es ist selbstverständlich auch möglich, alle drei beschriebenen elektrischen

Bremsarten, also Feldverstärkung, Ankerkurzschluß- und Gegenstrombremsung zusammen zu verwenden, um besonders schnell zu bremsen. Abb. 15 zeigt für einen derartigen Fall, wie außerordentlich schnell der Motor abgebremst wird. Es handelt sich hier um einen Hochleistungs-Hobelmaschinenantrieb von 45 PS, der durch selbsttätige Schützensteuerung gesteuert und innerhalb einer Sekunde von 1200 U/min auf 0 abgebremst und umgesteuert wird.

d) **Bremsung durch Bremslüfter.** Der Vollständigkeit halber sei hier noch die elektromechanische Bremsung erwähnt, die mit Nebenschluß-Magnetbremslüfter arbeitet. Sie wird bei Gleichstrom in der Werkstatt nur dort verwendet, wo man erreichen will, daß die Maschine bei abgeschaltetem Motor dauernd festgebremst ist. Die Abb. 16 zeigt die am häufigsten vorkommende Schaltung.

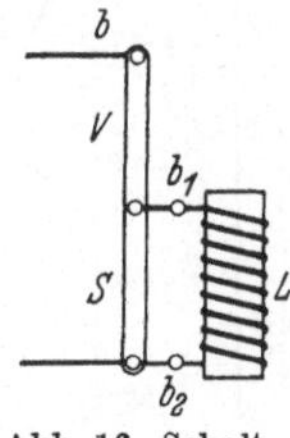

Abb. 16. Schaltbild eines Nebenschlußbremslüftmagneten. *L* Bremslüftmagnet. *S* Schutzwiderstand. *V* Vorschaltwiderstand.

13. Zusammenfassung. Der Gleichstrom-Nebenschlußregelmotor ist nach allem die vollkommenste Antriebsmaschine für Werkzeugmaschinen, die eine gute Geschwindigkeitsanpassung benötigen, und sollte, wenn irgend möglich, überall dort verwendet werden, wo erst durch eine gute Regelbarkeit die Werkzeugmaschine voll ausgenutzt werden kann. Selbst bei dem heute meist vorhandenen Drehstrom wird sich die Überlegung lohnen, ob es nicht angebracht ist, für einzelne Maschinen den Gleichstrom-Nebenschlußregelmotor zu verwenden und hierfür den nötigen Gleichrichter oder Umformer aufzustellen.

B. Der Gleichstrom-Hauptschlußmotor.

14. Allgemeines. Bei dem Hauptschlußmotor (Hauptstrom-, Serien- oder Reihenschlußmotor) ist das Feld mit dem Anker in Reihe (also hintereinander) geschaltet (Abb. 17), so daß es vom vollen Ankerstrom durchflossen wird. Aus diesem Grunde besteht es aus verhältnismäßig wenig Windungen von großem Drahtquerschnitt. Außerdem erhält der Motor gemäß Abschnitt 4 Wendepole bei schweren und unregelmäßigen Betriebsverhältnissen mit starken Überlastungen.

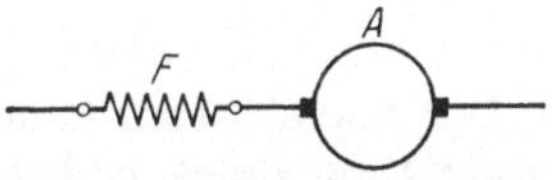

Abb. 17. Grundsätzliche Schaltung des Hauptschlußmotors. *A* Anker. *F* Erregerwicklung (Feld).

Schaltung und genormte Klemmbezeichnungen sind aus der Abb. 18 zu ersehen. Auch hier werden bei Schaltschema II die Klemmen *B* und *G* bereits im Motor verbunden (vgl. Abschn. 5).

15. Drehrichtungswechsel. Genau wie beim Nebenschlußmotor (s. Abschn. 6) wird der Drehsinn des Motors dadurch geändert, daß man im Anker und in den Wendepolen, falls solche vorhanden sind, die Stromrichtung umkehrt. In der Feldwicklung ändert sich dagegen die Stromrichtung nicht.

16. Drehzahl, Drehmoment, Wirkungsgrad. Die Drehzahl des Hauptschlußmotors ist nach Abb. 19 unmittelbar von der Belastung abhängig. Sie geht bei kleiner werdender Last selbsttätig sofort hoch, weil das Feld, das vom Ankerstrom gebildet wird, schwächer erregt wird. Wird dagegen die Belastung größer, so verringert sich die Drehzahl. Aus diesem Grunde ist der Hauptschlußmotor für den Antrieb von Werkzeugmaschinen nicht zu gebrauchen. Hierzu kommt noch, daß er niemals vollkommen entlastet und auch nicht ohne Belastung angelassen werden

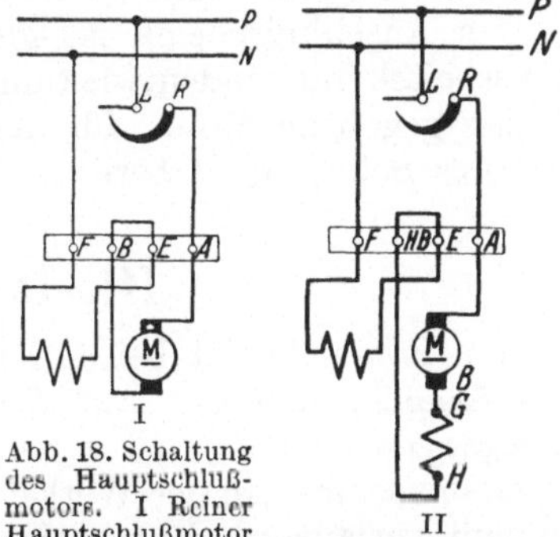

Abb. 18. Schaltung des Hauptschlußmotors. I Reiner Hauptschlußmotor II Hauptschlußmotor mit Hilfspol-(Wendepol)wicklung. *A B* Klemmen der Ankerwicklung. *E F* Klemmen der Erregerwicklung (des Feldes).

darf. Das Feld wird dann so ungenügend erregt, daß die Drehzahl unzulässig hoch
wird und der Anker durch die Fliehkräfte gefährdet ist (er „geht durch"). Auch
Riemenübertragung ist zu vermeiden, da es hierbei vorkommen kann, daß der
Riemen abfällt und dann der Motor durchgeht. Ist eine solche Übertragung
unvermeidlich, müssen besondere Maßnahmen getroffen werden, z. B. Anordnung von Zentrifugalschaltern.

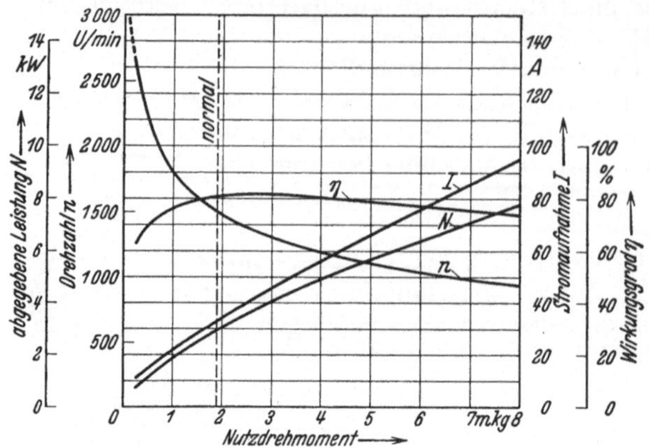

Abb. 19. Betriebskurven eines Hauptschlußmotors 3 kW (dauernd),
110 V Klemmenspannung.

17. Anlaufverhältnisse. Hier
gilt das unter Abschn. 8 für den
Gleichstrom-Nebenschlußmotor
Gesagte mit dem Unterschied,
daß eine unmittelbare Einschaltung für Motoren mit einer etwas höheren Leistung von 1,5 kW
noch zulässig ist. Da Anker und
Feld hintereinander geschaltet
sind, liegen die Widerstände vor
beiden.

18. Zusammenfassung. Der
Gleichstrom-Hauptschlußmotor
ist somit aus den vorerwähnten Gründen für den Antrieb von Werkzeugmaschinen
nicht zu verwenden. Er eignet sich dagegen besonders für den Antrieb von Hebezeugen, Drehscheiben, Bahnen, Fahrzeugen usw., also überall dort, wo man bei
geringer Belastung eine große und bei großer Belastung eine geringe Drehzahl
wünscht, und wo ein sehr hohes Drehmoment beim Anzug notwendig ist.

C. Der Gleichstrom-Kompoundmotor.

Der Gleichstrom-Kompoundmotor (auch Doppelschlußmotor genannt) ist die
Vereinigung eines Nebenschluß- und eines Hauptschlußmotors. Er besitzt also
außer der Nebenschlußwicklung noch eine vom Ankerstrom durchflossene Hauptstromwicklung. Diese hat bei den für die Werkstatt in Betracht kommenden
Maschinen an der Erregung einen kleineren Anteil als die Nebenschlußwicklung
und bewirkt, daß die Drehzahl in gewissen Grenzen belastungsabhängig ist, während
die Nebenschlußwicklung ein Durchgehen des Motors, wie es beim reinen Hauptschlußmotor vorkommen kann, verhütet. Das Anzugsmoment ist dem des Hauptschlußmotors sehr ähnlich, d. h. für schweren Anlauf geeignet.

Das Anschlußschema ist gleich dem Schema eines Nebenschlußmotors mit
Sicherheitskompoundentwicklung, wie in Abb. 8 II u. III. In der Werkstatt ist
er der gegebene Motor für den Antrieb von allen Arbeitsmaschinen, die ein
schweres Schwungrad besitzen, z. B. Pressen, Scheren, Stanzen und dergleichen.

III. Der Drehstrommotor.

Man unterscheidet bei den Drehstrommotoren zwischen dem Synchron- und
dem Asynchronmotor. Auf den Synchronmotor soll hier jedoch nicht näher
eingegangen werden, weil er seiner schwierigen Anlaufverhältnisse wegen für alle
Arbeitsmaschinen in der Werkstatt, die ein öfteres Anlassen und ein gutes Anlaufmoment verlangen, nicht geeignet ist. Ganz abgesehen davon, daß er außer der
Drehstromquelle, aus der der Strom entnommen wird, noch eine Gleichstromquelle
zum Speisen der Magnetwicklung benötigt.

A. Der Asynchronmotor allgemein.

Der Asynchronmotor, meist einfach „Drehstrommotor" genannt, hat im Gegensatz zum Gleichstrommotor (Abb. 7) keine ausgeprägten Pole, in denen ein ruhendes Magnetfeld erzeugt wird. Sein Ständer (Stator) ist vielmehr mit dünnen ringförmigen Eisenblechen ausgefüllt, in die am inneren Umfang in gleichen Abständen eine große Zahl von Nuten zur Aufnahme der Ständerwicklung eingestanzt sind (Abb. 20). Das von dieser Wicklung erzeugte Magnetfeld beim Speisen mit Drehstrom ist ein „Drehfeld" und kreist im Gehäuse, seine Kraftlinien schneiden die Drähte auf dem Läuferumfang und induzieren in ihnen eine Spannung. Hierdurch wird in der geschlossenen Läuferwicklung ein Strom erzeugt, der zusammen mit dem Drehfeld ein Drehmoment ergibt, das den Läufer zwingt, dem Drehfeld nachzueilen. Da dieser, solange er ein Drehmoment abgeben muß, niemals mit dem Drehfeld synchron (also mit gleicher Drehzahl) laufen kann, nennt man ihn asynchron.

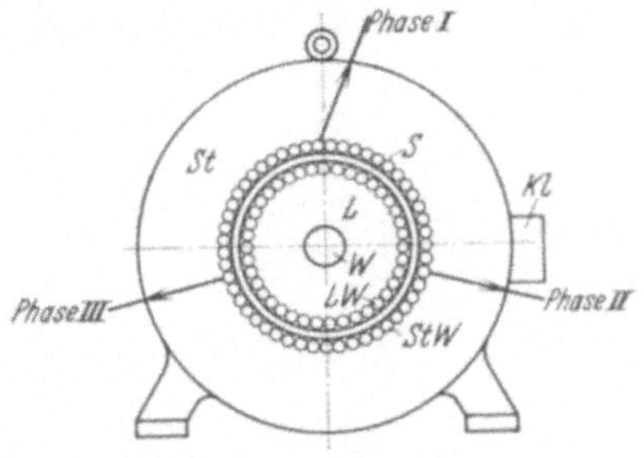

Abb. 20. Aufbau eines Drehstrom-Asynchronmotors. *St* Ständer (Stator). *St W* Ständerwicklung. *L* Läufer (Rotor). *LW* Läuferwicklung. *Kl* Klemmbrett. *S* Luftspalt. *W* Welle.

Von großem Vorteil für den Antrieb in der Werkstatt ist es, daß die Drehzahl bei Vollast nur um wenige, durch den Widerstand der Läuferwicklung und den Läuferstrom bedingte, Vomhundertteile geringer ist als bei Leerlauf. Auf die bei Drehstrom möglichen Umdrehungszahlen wird unter Abschn. 53 näher eingegangen. Dem Läufer (Rotor) braucht kein Strom vom Netz her zugeführt zu werden.

Hinsichtlich der Läuferausführung unterscheidet man den Käfig- und den Schleifringläufer.

B. Der Asynchronmotor mit Käfigläufer.

Dieser stellt durch seinen mechanischen und elektrischen Aufbau die einfachste Art des Elektromotors dar. Seine Läufer- (Rotor-) „Wicklung" besteht aus Stäben, die untereinander an den beiden Stirnseiten durch Kurzschlußringe verbunden sind. Abb. 21 zeigt einen Läufer, in den die Käfigwicklung eingegossen wurde, so daß sie mit den Kurzschlußringen und den Belüftungsflügeln einen zusammenhängenden Gußblock bildet. Durch die hierbei besonders innige Berührung der „Wicklung" mit dem Eisen wird die Wärmeabfuhr erheblich vergrößert und damit der Motor leistungsfähiger. Dadurch, daß der Käfigläufermotor keine Schleifringe und Bürsten besitzt, erhöht sich seine Betriebssicherheit ganz wesentlich.

Abb. 21. Käfigläufer mit in das Blechpaket eingegossener Wicklung. Läuferstäbe, Kurzschlußringe und Ventilationsflügel ein gemeinsames Gußstück.

19. Verschiedene Käfigläufer. Um die Anlaufverhältnisse, auf die unter Abschn. 22 noch genau eingegangen wird, zu verbessern und vor allen Dingen den jeweilig vorliegenden Betriebserfordernissen anzupassen, sind verschiedene Käfigausführungen entwickelt.

Man unterscheidet hier zunächst den normalen Käfigläufer, den man auch häufig mit Einfachkäfigläufer bezeichnet. Er besitzt nur einen Käfig. Für größere Leistungen wird dieser Einfachkäfigläufer als Strombegrenzungs- oder Stromdämpfungsläufer ausgelegt, um einen kleinen Einschaltstrom bei gutem

Anzugsmoment zu haben. Von den anderen Läuferausführungen sind der **Doppelnutläufer**, bei dem 2 Stabreihen mit meist voneinander verschiedenen Querschnitten und manchmal auch verschiedenem Baustoff vorhanden sind, und der **Wirbelstromläufer** (wegen der besonders tiefen Nuten auch Tiefnutläufer genannt) die wichtigsten (Abb. 22). Bei diesen Stabformen wird während des Anlaufens der Strom in den äußeren Käfig mit höherem Widerstand verdrängt, wodurch der Anlaufstrom sinkt und zugleich der in der „Anlaufwicklung" fließende Strom infolge des hohen Widerstandes ein kräftiges Drehmoment erzeugt. Diese Stromverdrängung kommt daher, daß der Läufer bei Beginn des Hochlaufes Strom von der Netzfrequenz, also von 50 Hz, führt.

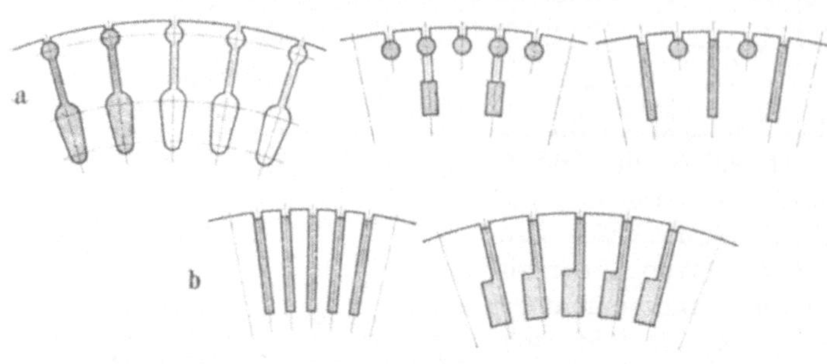

Abb. 22. Verschiedene Läufernutausführungen. *a* Doppelnutläufer, *b* Tiefnutläufer.

Infolgedessen ist die Selbstinduktion besonders der in Eisen eingebetteten inneren Stäbe groß: der Strom wird in den Außenkäfig verdrängt. Da der Läufer aber die gleiche Drehzahl, wie sie das Ständerdrehfeld hat, anstrebt, wird die Frequenz des Läuferstromes immer kleiner, so daß auch die innen liegenden Stäbe wirksam und bei der normalen Drehzahl dann vollständig ausgenutzt werden.

Außer diesen beiden Hauptformen, die von etwa 6 kW bei 1500 U/min an aufwärts ausgeführt werden — bei kleineren Leistungen bieten sie keinen Vorteil gegenüber den Käfigläufermotoren mit Einstabkäfig —, gibt es noch Drei- und Mehrfachläufer sowie Läufer mit anderen Bezeichnungen, die aber letzten Endes immer wieder in irgendeiner Weise auf das Grundsätzliche der vorher erwähnten Hauptformen zurückgreifen. Außerdem gibt es dann noch Ausführungen, die besondere Einschaltvorrichtungen benötigen, durch die aber dann wieder die große Einfachheit des Käfigläufers hinfällig wird, und die dem später beschriebenen Schleifringläufermotor nicht überlegen sind.

20. Schaltung und genormte Klemmenbezeichnungen. Die Ständerwicklung des Käfigläufermotors kann entweder „in Stern" oder „in Dreieck" geschaltet werden, je nachdem wie man die Anfänge (UVW) und Enden (XYZ) der 3 Phasen der Ständerwicklung miteinander verbindet (Abb. 23).

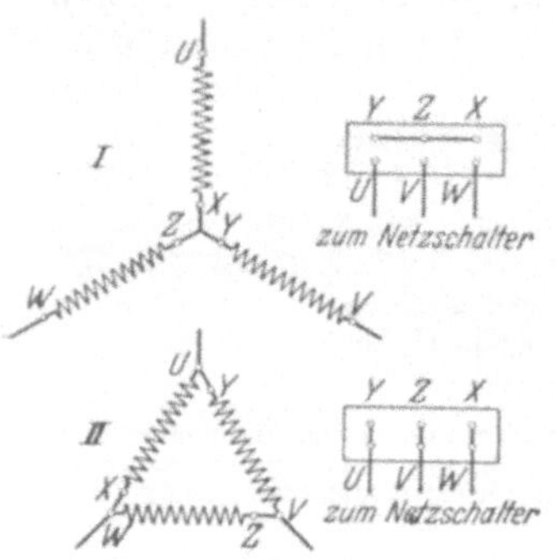

Abb. 23. Schaltbild und Verbindungen am Klemmbrett eines Drehstrom-Käfigläufermotors bei I Sternschaltung, II Dreieckschaltung.

Die Entscheidung, welche der beiden Arten gewählt werden muß, hängt bei unmittelbarer Einschaltung des Motors von der Netzspannung ab. Ein zum Beispiel für 220/380 V, 50 Hz gewickelter Motor kann entweder in Dreieck geschaltet an eine Netzspannung von 220 V, 50 Hz oder in Stern an eine solche von 380 V, 50 Hz gelegt werden. Legte man nun den in Dreieck geschalteten Motor an 380 V, 50 Hz, so würde er, da nur für 220 V, 50 Hz geeignet, schon im Leerlauf in kurzer Zeit übermäßig warm und dadurch beschädigt werden. Schlösse man dagegen umgekehrt den in Stern geschalteten für 380 V, 50 Hz passenden Motor an 220 V, 50 Hz, so liefe er zunächst schwer an, gäbe eine um den Spannungsunterschied geringere Leistung ab und fiele damit bei Belastung in der Drehzahl stark ab bzw. bliebe stehen („kippte").

Soll der Motor dagegen durch einen Sterndreieckschalter angelassen werden, so sind sämtliche Klemmen UVW, XYZ mit dem Schalter zu verbinden (Abb. 24). In diesem Fall muß der Motor in Dreieckschaltung für die vorhandene Betriebsspannung ausgelegt sein, da die Dreieckstellung des Sterndreieckschalters die Betriebsstellung ist. Zum Verständnis dieser Schaltung diene das nachstehende Beispiel: Bei einer Betriebsspannung von 220 V, 50 Hz und Anlassen mit Sterndreieckschalter muß ein Motor mit einer Wicklung für 220/380 V, 50 Hz verwendet werden. In der Sternstellung des Sterndreieckschalters ist der Motor nach dem vorher Gesagten passend für Anschluß an 380 V, 50 Hz geschaltet, liegt jedoch an einem Netz von nur 220 V, 50 Hz, wodurch sein Anlaufstrom aber auch sein Anlaufmoment auf etwa $^1/_3$ des entsprechenden Wertes bei unmittelbarer Einschaltung sinkt. In der Dreieckschaltung des Schalters, die die Betriebsstellung ist, liegt er dann an der für ihn passenden Spannung. Beträgt die Betriebsspannung 380 V, 50 Hz, so muß bei Sterndreieckanlauf ein

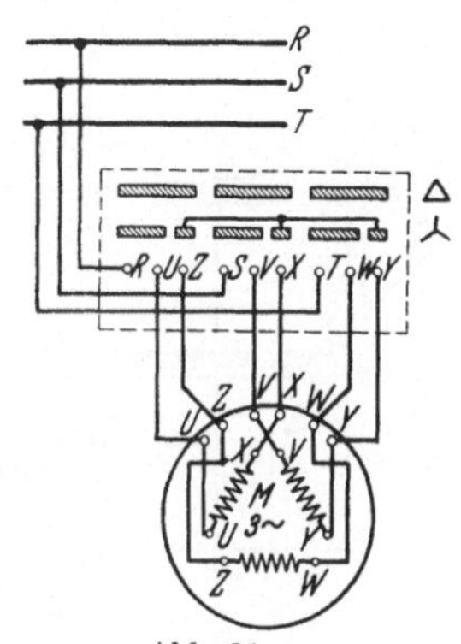

Abb. 24.
Schaltbild eines Drehstrom-Käfigläufermotors mit Sterndreieckschalter.

Motor mit einer Wicklung von 380/660 V, 50 Hz gewählt werden. Um keine Zweifel aufkommen zu lassen, ist es immer richtig, bei Bestellungen einmal die vorhandene Betriebsspannung und ferner den gewünschten Anlauf anzugeben.

21. Drehrichtungswechsel. Die Drehrichtung wird durch Vertauschen von 2 Zuleitungen umgekehrt.

22. Anlaufdrehmoment, Kippmoment, Anlaufstrom. Den Verlauf des Drehmoments bei unmittelbarer Einschaltung eines normalen Käfigläufermotors (Einfachkäfigläufer) in Abhängigkeit von der Drehzahl zeigt Abb. 25 mit der Kurve $M_{d\Delta}$. Das Anzugsmoment des Motors beträgt beim Einschalten ungefähr das 1,6 … 2fache des Nennmomentes und steigt dann, bis bei einer bestimmten Drehzahl das größtmögliche Drehmoment (Kippmoment) erreicht ist. Danach fällt das Drehmoment bei steigender Drehzahl wieder ab; das Nenndrehmoment, das der Vollast entspricht, wird bei etwa 1440 U/min abgegeben. Sinkt die Last, d. h. das verlangte Dreh

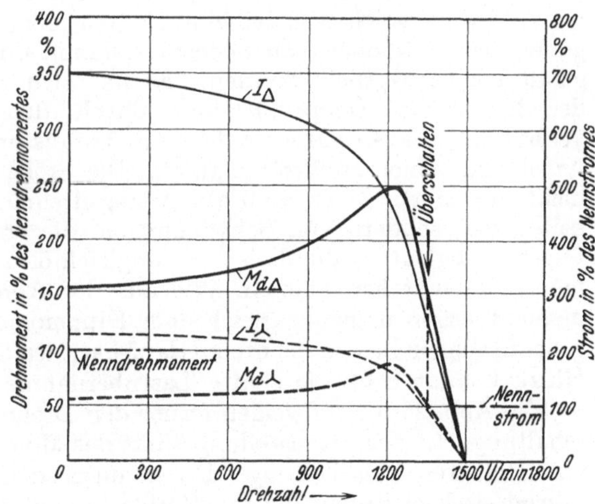

Abb. 25. Drehmomente und Ströme eines Einfachkäfigläufermotors 4 kW (dauernd), $\sim$ 1420 U/min. $M_{d\Delta}$, I_Δ für unmittelbare Einschaltung, $M_{d\lambda}$, I_λ für Anlauf mit Sterndreieckschalter.

moment, so steigt die Drehzahl, bis bei Leerlauf die jeweilige synchrone Drehzahl erreicht wird, in unserem Falle 1500 U/min. Wird aber umgekehrt die Belastung des Motors größer als das Nennmoment, so fällt die Drehzahl. Bei Überschreitung des Kippmomentes kommt der Motor zum Stillstand. In diesem Falle wird die

Stromstärke sehr groß (Kurzschluß), so daß er verbrennt, wenn er nicht richtig abgesichert ist.

Anders ist der Drehmomentenverlauf eines Motors mit Doppelnutläufer (Abb. 26). Das Anlaufmoment $M_{d\Delta}$ bei unmittelbarer Einschaltung beträgt etwa das 2 ... 2,5fache des normalen Momentes. Das Hochlaufmoment selbst ist annähernd konstant gleich dem zweifachen Nenndrehmoment.

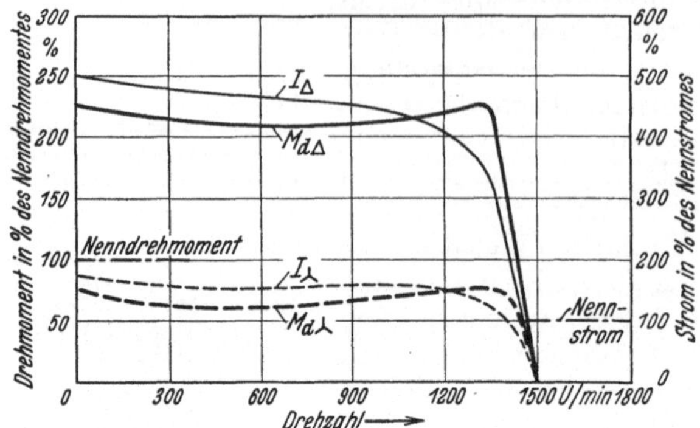

Abb. 26. Drehmomente und Ströme eines Doppelnutläufermotors 7,5 kW (dauernd), ∼ 1435 U/min. $M_{d\Delta}$, I_Δ für direkte Einschaltung, $M_{d\lambda}$, I_λ für Anlauf mit Sterndreieckschalter.

Es soll an dieser Stelle kurz darauf eingegangen werden, ob nicht durch das große Anzugsdrehmoment eines Doppelnutmotors und den dadurch bedingten Stoß Beschädigungen an den Getrieben entstehen können. Nach den Stoßgesetzen müßte ein Motor mit geringerem Anzugsmoment die angetriebenen Maschinenelemente mehr schonen als einer mit hohem Anzugsmoment. Dieses Gesetz kann aber nur bis zum Ausgleich des toten Ganges im Getriebe gelten. Da dieser nun, auf die Motorwelle bezogen, im allgemeinen nur wenige Winkelgrade beträgt, ist auch die beim Anzugsstoß vorhandene Geschwindigkeit des Motors, der aus dem Stillstand anläuft, nur sehr klein; sie beträgt ungefähr 0,001 bis höchstens 0,02 m/s. Rechnete man die Stoßwirkung auf freien Fall um, um einen Begriff von der Größe des bei solchen Geschwindigkeiten möglichen Stoßes zu bekommen, so ergäben sich Fallhöhen von höchstens 5 mm, durch die keineswegs die Baustoffe gefährlich beansprucht werden. Es hat sich im Gegenteil gezeigt, daß gerade der Motor mit Doppelnutläufer durch den gleichförmigen Drehmomentenverlauf während des Hochlaufens die Voraussetzung dafür ist, daß Getriebe und Arbeitsmaschinen stoßfrei anlaufen. Die Stöße in den Getrieben rühren nämlich nicht von einem Überschuß am Anzugsdrehmoment bei niedrigen Geschwindigkeiten her, sondern von Schwingungen, die erst nach dem Anzug bei höheren Geschwindigkeiten durch einen ungleichförmigen Verlauf der Hochlaufdrehmomente entstehen können. Wie aus der Abb. 26 zu ersehen, ist das Anzugsmoment schon ungefähr gleich dem Kippmoment, so daß man in der Tat einen gleichförmigen Drehmomentenverlauf hat, der die Getriebe weitestgehend schont. Hinzu kommt noch die sanfte Lastübernahme nach dem Anlauf.

Die Abb. 25 und 26 zeigen ferner den Drehmomentenverlauf bei Sterndreieckschaltung. In der Sternstellung sinkt das Moment $M_{d\lambda}$ auf $^1/_3$ des Wertes wie bei unmittelbarer Einschaltung. Da es unter dem Normalmoment liegt, kann die Sterndreieckschaltung nur für Halblastanlauf verwendet werden. Dieser genügt übrigens für fast alle Motoren in der Werkstatt. Zur Dreieckschaltung muß kurz vor Erreichung der Nenndrehzahl des Motors übergegangen werden. In den Kurven der Abb. 25 wird der Übergang durch eine Senkrechte (sprunghaft) von $M_{d\lambda}$ auf $M_{d\Delta}$ bei der betreffenden Drehzahl dargestellt.

Der Anlaufstrom des normalen Käfigläufermotors ist bei unmittelbarer Einschaltung gleich dem 5 ... 7fachen, der des Doppelnutmotors gleich dem ungefähr 5fachen des Motornennstromes. Daher ist die Verwendbarkeit je nach der Höhe des nach den Anschlußbedingungen des Netzes zulässigen Anlaufstromes beschränkt, doch liegt die allgemeine Grenze für unmittelbares Einschalten und für Anlauf mit Normallast heute in öffentlichen Netzen schon viel höher als vor einigen Jahren. Überhaupt keine Rolle spielt es in Werken mit einem großen Anschlußwert, wo man Motoren bis zu einer Leistung von 50 kW und mehr unmittelbar einschaltet. Bei Sterndreieckanlauf geht der Einschaltstrom auf $^1/_3$ zurück und bleibt dadurch beim Doppelnutmotor mit dem etwa 1,7fachen Wert vom Normalstrom in den Grenzen, die in den (vom „Reichsverband der Elektrizitätsversorgung" REV herausgegeben) „Anschlußbedingungen für Starkstromanlagen unter 1000 Volt" gezogen sind, so daß hier der Doppelnutmotor den Schleifringmotor vollkommen ersetzt.

23. Wirkungsgrad und Leistungsfaktor. In Abb. 27 sind die Wirkungsgradkurven eines Drehstrom-Asynchronmotors von 5,5 kW Nennleistung mit den verschiedenen Läuferausführungen dargestellt. Zum Vergleich ist die Wirkungsgradkurve eines Schleifringläufermotors eingezeichnet, besonders um zu zeigen, daß der Doppelnutläufer um einige Hundertstel günstiger liegt. Den günstigsten Wirkungsgrad hat der Käfigläufermotor, doch wird er

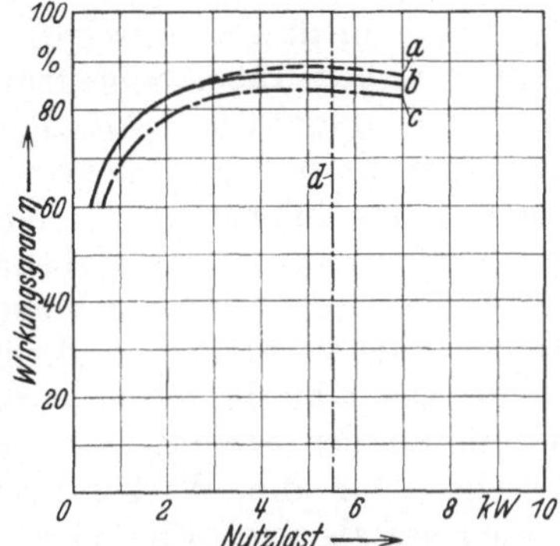

Abb. 27. Wirkungsgrad-Vergleich.
a Einfachkäfigläufermotor, *b* Doppelnutläufermotor, *c* Schleifringläufermotor, *d* Nennleistung.

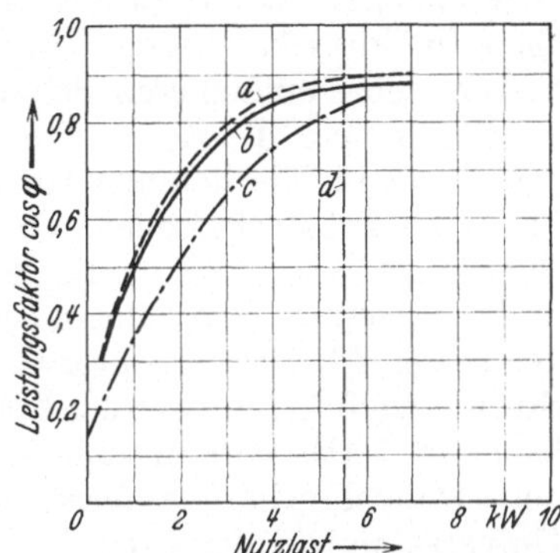

Abb. 28. Leistungsfaktor-Vergleich.
a Einfachkäfigläufermotor, *b* Doppelnutläufermotor, *c* Schleifringläufermotor, *d* Nennleistung.

vom Doppelnutläufermotor fast erreicht. Alle Kurven steigen zunächst sehr steil an und halten sich dann lange auf einem günstigen Wert. Der Motor arbeitet also noch bei Halblast sehr günstig. Ganz anders liegen die Verhältnisse hinsichtlich des Leistungsfaktors cos φ, dessen Verlauf die Abb. 28 für den gleichen Motor zeigt. Danach fällt der Leistungsfaktor bei Teillast sehr schnell ab. Auch hier liegen die Werte für den Käfigläufermotor am günstigsten, doch werden sie vom Doppelnutläufermotor beinahe erreicht. Zum Vergleich ist wieder die Kurve vom Schleifringläufer mit eingezeichnet, die um einige Einheiten niedriger liegt.

24. Langsamanlauf des Drehstrom-Käfigläufermotors. Für Einrichtezwecke bei Werkzeugmaschinen oder für den Antrieb von Arbeitsmaschinen, die mit Rücksicht auf ihre Eigenart einen besonders langsamen und sanften Anlauf verlangen, z. B. Becherwerke, Seil- und Kettenbahnen und dergleichen, bei denen nämlich die Zugorgane nur langsam gespannt und auch dann nur mit begrenzten Kräften zur Beschleunigung der angehängten Massen beansprucht werden dürfen, kann ein besonders sanfter Anlauf durch eine Schaltung nach Abb. 29 erreicht werden. Man braucht in solchen Fällen, in denen sonst Schleifringläufermotoren verwendet werden müßten, also nicht auf die Vorzüge des Drehstrom-Käfigläufermotors zu verzichten.

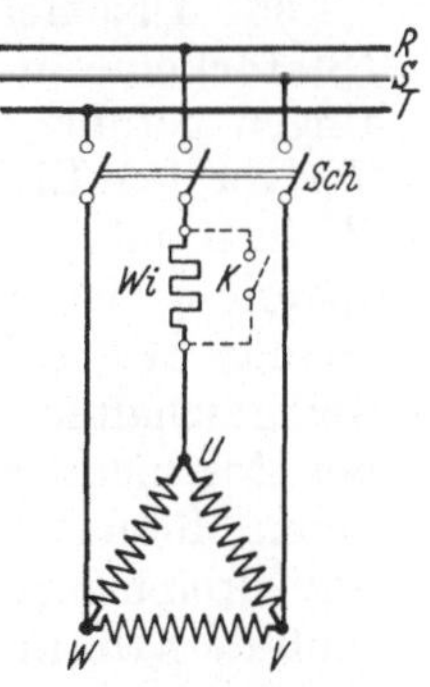

Abb. 29. Schaltung für Langsamanlauf eines Drehstromkäfigläufermotors. *Sch* Netzschalter, *Wi* Widerstand, *K* Schalter zum Kurzschließen des Widerstandes nach erfolgtem Anlauf.

Es genügt, den (gegebenenfalls regelbaren) Widerstand nur in eine Phase zu legen. Dadurch erhält der Motor mehr oder weniger die Anlaufeigenschaften eines Einphasenmotors, d. h. das Anzugsmoment bewegt sich je nach der Größe des vorgeschalteten Widerstandes zwischen 0 und dem vollen Wert des Drehstrommotors. Man kann daher mit einfachen, billigen Mitteln und mit weit geringeren Verlusten als bei mehrphasigen Widerständen das Anlaufdrehmoment beliebig einstellen.

Der Widerstand wird am besten mit „Anzapfungen" (Klemmen) versehen, um das Anlaufdrehmoment bei der Inbetriebnahme den vorliegenden Verhältnissen entsprechend einzustellen. Nach dem Hochlauf wird der Widerstand entweder selbsttätig oder von Hand durch einen Schalter überbrückt, damit nicht unnütz Stromverluste entstehen.

25. Zusammenfassung. Für die Verwendung des Käfigläufermotors (Strombegrenzungs-, Wirbelstrom-, Doppelnut- usw.-Läufer) in der Werkstatt sprechen in wirtschaftlicher Hinsicht seine niedrigen Anschaffungs- und Montagekosten, seine einfacheren Schaltapparate gegenüber Schleifringläufermotoren und seine günstigen Betriebswerte für Wirkungsgrad und Leistungsfaktor, die besonders dann in Erscheinung treten, wenn die Motoren nicht voll ausgenützt sind. Seine betriebstechnischen Vorzüge sind: Nahezu gleichbleibende Drehzahl bei Belastungsänderungen, einfachster Aufbau, kleinster Platzbedarf, leichte Wartung und Bedienung, hohe Betriebssicherheit und geringster Verschleiß, da praktisch keine der Abnutzung unterworfenen Teile vorhanden sind und dem Läufer kein Strom zugeführt zu werden braucht. Der Käfigläufermotor für kleine Leistungen bis etwa 2 kW und anschließend hieran der Strombegrenzungs- und besonders der Doppelnutkäfigläufermotor sind für die Werkstatt bei Drehstrom der Universalmotor, der sowohl für niederes als auch für hohes Anzugsmoment, für Sterndreieckanlauf und unmittelbares Einschalten und Umschalten gleich gut geeignet ist, soweit nicht besondere Verhältnisse vorliegen, die ohnehin die Verwendung eines Schleifringläufermotors erforderlich machen.

C. Der Asynchronmotor mit Schleifringläufer.

26. Allgemeines. Bei diesem besitzt der Läufer (Rotor) genau wie der Ständer (Stator) eine in Nuten eingebettete isolierte Wicklung, deren Enden zu 3 Schleifringen geführt sind. An diese wird der Anlaßwiderstand angeschlossen (Abb. 30), der vor dem Einschalten der Ständerwicklung im Läuferstromkreis liegen muß. Der Widerstand ist so groß bemessen, daß trotz der anfänglich sehr hohen Schlupfspannung der Anlaufstrom nur die vorgeschriebene Stärke erreicht. Auf die folgenden Stufen bis zum endgültigen Kurzschluß des Widerstandes darf erst dann übergeschaltet werden, wenn der Einschaltstrom der vorhergehenden Stufe nach der Beschleunigung des Läufers abgeklungen ist. Man führt den Läufer bei kleineren Motoren meist mit zweiphasiger und bei mittleren und größeren Leistungen mit dreiphasiger Wicklung aus. Beim Anschluß eines Schleifringläufermotors muß deshalb immer auf die Läuferausführung geachtet und dementsprechend der Anlasser gewählt werden. Je nachdem, ob die Bürsten immer auf den Schleifringen aufliegen oder nur während des Anlaßvorganges (um dann nach Kurzschließen der Schleifringe zur Vermeidung unnötiger Verluste abgehoben zu werden), unterscheidet man zwischen Motoren mit sogenannten Regulierschleifringläufern und mit Anlaßschleifringläufern. Für die Werkstatt kommt nur der Regulierschleifringläufer in Betracht, weil hier häufig ein- bzw. umgeschaltet wird und das dauernde Betätigen der Kurzschluß- und Bürstenabhebevorrichtung unnötige Zeit beanspruchen würde. Genau wie beim Käfigläufermotor kann auch hier ein z. B. für 220/380 V, 50 Hz gewickelter Motor entweder in Dreieck geschaltet, an eine Netzspannung von 220 V, 50 Hz oder in Stern an eine solche von 380 V, 50 Hz gelegt werden.

27. Drehrichtungswechsel. Die Drehrichtung wird durch Vertauschen von 2 Zuleitungen der Ständerwicklung umgekehrt. Der Anschluß des Läufers bleibt der gleiche (Abb. 31).

28. Anlaufdrehmoment, Kippmoment, Anlaufstrom. Durch entsprechende Auslegung des Anlaßwiderstandes läßt sich jedes Anlaufdrehmoment bis zum Kippmoment (das normalerweise bei dem etwa 2...3fachen des Normalmomentes liegt) erreichen. Der Läuferstrom ist dabei praktisch verhältnisgleich dem Drehmoment. Je größer der in den Läuferkreis eingeschaltete Widerstand ist, desto geringer wird der Anlaufstrom, aber damit auch das Anlaufmoment, da das Verhält-

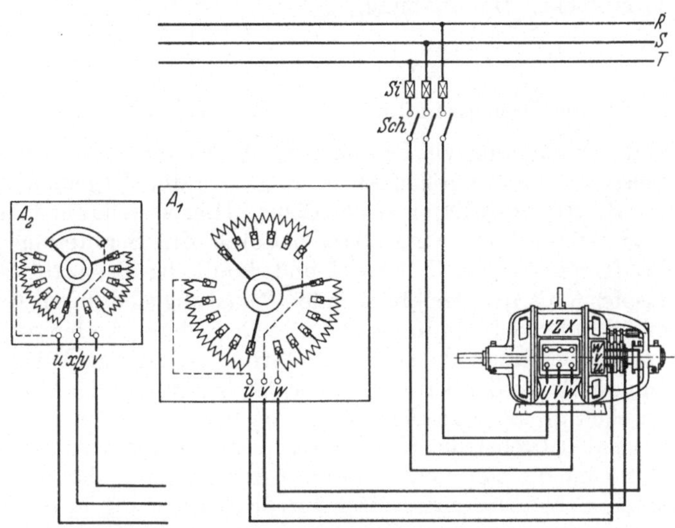

Abb. 30. Schaltbild eines Drehstrom-Schleifringläufermotors mit Anlasser. A_1 Anlasser für dreiphasigen Läufer, A_2 Anlasser für zweiphasigen Läufer, *Sch* Netzschalter, *Si* Sicherungen, *UVW*, *XYZ* Klemmen der Ständerwicklung, *u v w* bzw. *u v x/y* Klemmen der Läuferwicklung.

nis des Anlaufstromes zum Nennstrom etwa dasselbe ist wie das Verhältnis des Anlaufmomentes zum Nenndrehmoment. Wenn also der Motor mit etwa dem doppelten Nenndrehmoment anläuft, so ergibt sich etwa der doppelte Anlaufstrom bezogen auf den Nennstrom.

29. Wirkungsgrad und Leistungsfaktor. Die einzelnen Werte gehen aus den Abb. 27 und 28 hervor. Im übrigen gilt das unter Absatz 23 Gesagte.

30. Zusammenfassung. In der Werkstatt wird der Schleifringläufermotor zunächst überall dort verwendet, wo Vollastanlauf notwendig ist, der Anlaufstrom aber in bestimmten, niedrig liegenden Grenzen gehalten werden muß. Er ist ferner der geeignete Motor für sanftes Anfahren auch bei hohen Gegenmomenten, z. B. Antrieb von Scheren, Pressen, Kranen usw. Außerdem kommt er dann in Betracht, wenn bei einer Arbeitsmaschine vorhandene Schwungmassen bei zunehmender Belastung zur Arbeitsleistung herangezogen werden sollen und deshalb ein Drehzahlabfall des Motors erwünscht ist. In solchem Fall wird in den Läuferstrom-

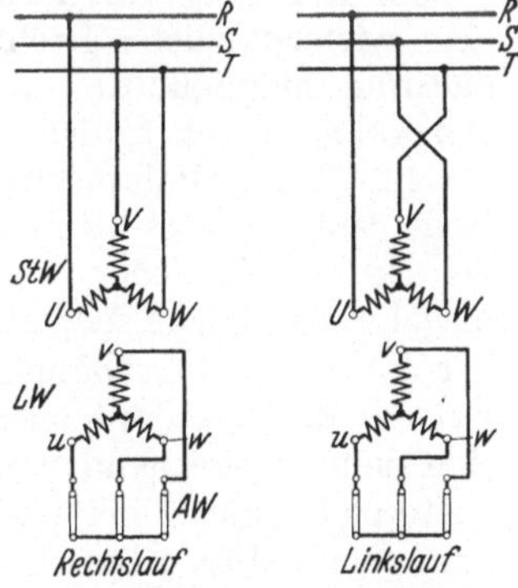

Abb. 31. Schaltung eines Drehstrom-Schleifringläufermotors bei Rechts- und Linkslauf. *StW* Ständerwicklung, *LW* Läuferwicklung, *AW* Anlaßwiderstand.

kreis ein dauernd eingeschalteter Widerstand gelegt, der bei auftretender Höchstbelastung einen Drehzahlabfall (Schlupf) von etwa 10...15% verursacht.

Zum Schluß sei noch darauf hingewiesen, daß der Schleifringläufermotor für Umschaltungen, z. B. beim Gewindeschneiden bis etwa 1000 mal je Stunde, in der Weise verwendet wird, daß man durch einen festen dauernd eingeschalteten

Läuferwiderstand (Schlupfwiderstand) die beim Schalten entstehende Wärme vom Motor fernhält und den Motor wie einen Käfigläufermotor schaltet.

Sein Nachteil gegenüber dem Käfigläufermotor besteht in den höheren Anlagekosten für den Motor und vor allem für die Anlaßapparate und in deren nicht so einfacher Handhabung.

D. Regelung des Asynchronmotors.

Da bei Drehstrom die Drehzahl des Läufers nach der Formel $n = \dfrac{f \cdot 120}{p} (1-s)$ von der zugeführten Frequenz f, der Polzahl p und der Schlüpfung s abhängt, müssen diese 3 Größen allein auch für eine Regelung maßgebend sein.

31. Regelung durch Widerstände. Hierbei schaltet man in den Läuferstromkreis Widerstände und vergrößert dadurch die Schlüpfung. Zwischen Läuferstrom, Läuferspannung und Schlupf und damit der Drehzahl besteht eine Abhängigkeit insofern, als bei gleichbleibender Belastung sich durch Änderung des Läuferwiderstandes der Schlupf in gleichem Maße ändert. Andererseits ist der Schlupf sowohl vom Widerstand als auch vom Strom abhängig. Während der Widerstand fest eingestellt werden kann, ist aber der Strom von der Belastung abhängig. Ganz abgesehen davon, daß diese Regelung für den am meisten in Betracht kommenden normalen Drehstrom-Käfigläufermotor nicht anwendbar ist, da sein Läuferwiderstand im Betrieb nicht verändert werden kann, hat es auch keinen Zweck, etwa einen Schleifringläufermotor für diese Regelung in der Werkstatt zu verwenden. Die jeweils mit dem Widerstand eingestellte Drehzahl ändert sich nämlich nicht unerheblich, sobald die Belastung einen anderen Wert annimmt, da der Läufer immer das Bestreben hat, mit dem Ständerfeld synchron (gleiche Drehzahl) zu laufen. Außerdem ist diese Regelung auch sehr unwirtschaftlich, da man dem Netz auch bei den niederen Drehzahlen die volle Leistung entnimmt, aber nur einen Teil ausnützt, während die im Regelwiderstand vernichtete elektrische Leistung in Wärme umgesetzt wird und damit nutzlos verloren geht.

32. Regelung durch Polumschaltung. Im Gegensatz zu dem Vorstehenden ist eine wirtschaftliche Drehzahlregelung — wenn auch nur in größeren Stufen — dadurch möglich, daß man den Drehstrom-Asynchronmotor mit verschiedenen Polzahlen ausführt, also den Wert p in der oben angegebenen Formel veränderlich macht. Diese Polumschaltung ist für den Motor in der Werkstatt von großer Bedeutung, weil es hierbei möglich ist, ihn für annähernd gleichbleibende Leistung bei den verschiedenen Geschwindigkeitsstufen auszulegen, wie dieses für Werkzeugmaschinenantriebe fast allgemein notwendig ist. Außerdem ist die Regelung von der Belastung unabhängig, da der Motor bei der jeweils eingeschalteten Polzahl mit der dieser entsprechenden Drehzahl als normaler Asynchronmotor läuft und sich dementsprechend verhält. Der polumschaltbare Motor kann aber auch ohne weiteres für gleichbleibendes Drehmoment ausgeführt werden, falls dieses erforderlich sein sollte. Die Polumschaltung kommt hauptsächlich für Motoren mit Käfigläufer (bzw. Doppelnut-, Wirbelstromläufer usw.) in Betracht, da bei Schleifringläufermotoren außer dem Ständer auch die Läuferwicklung polumschaltbar sein müßte, was je Polzahl drei Schleifringe sowie große und teure Schaltapparate bedingen würde. Die polumschaltbaren Motoren werden vorzugsweise für 2, aber auch für 3 und 4 Geschwindigkeiten ausgeführt. Noch mehr Stufen zu wählen hat keinen Zweck, da dann für eine gegebene Leistung eine viel zu große Motorbauart gewählt werden müßte. Abgesehen von der ungünstigen Ausnutzung, die in keinem Verhältnis zu dem Vorteil weiterer Drehzahlstufen stände, würde andererseits die Zahl der erforderlichen Wickelenden und damit der Kontakte im dazugehörigen Schalter sehr groß werden. Bei den polumschaltbaren Motoren unterscheidet man zwischen solchen mit für jede Polzahl getrennten Wicklungen und solchen mit nur einer aber umschaltbaren Wicklung. Außerdem gibt es dann noch die dazwischen liegende Ausführung, bei der 2 getrennte Wicklungen vorhanden sind, von denen aber die eine oder beide für sich umschaltbar sind.

In der nachstehenden Tabelle sind zunächst erst einmal die gebräuchlichsten Verhältnisse der Drehzahlstufen angegeben, wobei einzelne Fälle, die besonders bevorzugt werden, hervorgehoben sind.

Gebräuchliche Drehzahlen polumschaltbarer Motoren.

2 Drehzahlen	Polzahl	**8 … 4**	**4 … 2**	**8 … 6**	**6 … 4**	**12 … 6**
	synchr. U/min	750/1500	1500/3000	750/1000	1000/1500	500/1000
3 Drehzahlen	Polzahl	**8 … 6 … 4**	**8 … 4 … 2**	12 … 8 … 6	12 … 6 … 4	6 … 4 … 2
	synchr. U/min	750/1000/ 1500	750/1500/ 3000	500/750/1000	500/1000/ 1500	1000/1500/ 3000
4 Drehzahlen	Polzahl	12 … 8 … 6 … 4	12 … 6 … 4 … 2	8 … 6 … 4 … 2	—	—
	synchr. U/min	500/750/1000 1500	500/1000/ 1500/3000	750/1000/ 1500/3000	—	—

Die einfachste Umschaltung ist bei den Drehzahlen im Verhältnis 1:2, also z. B. 750/1500 oder 1500/3000 U/min möglich, wie das Schaltschema in Abb. 32 zeigt und bei der auch nur 6 Anschlüsse genau wie bei zwei getrennten Wicklungen erforderlich sind. Bei Anschluß für die niedrige Drehzahl, z. B. 750 U/min, ist der Motor achtpolig und zwar liegen je zwei Wicklungen in Reihe und die Gesamtwicklung im Dreieck. Bei der hohen Drehzahl dagegen (in diesem Fall 1500 theor. U/min) wird der Motor vierpolig geschaltet, indem zwei Wicklungen parallel und die Gesamtwicklung im Stern liegt. Werden drei Geschwindigkeitsstufen gewünscht, so kann in der Weise geschaltet werden, daß eine Wicklung, deren Drehzahlen im Verhältnis 1:2 liegen, umschaltbar und die für die dritte Stufe getrennt ausgeführt wird.

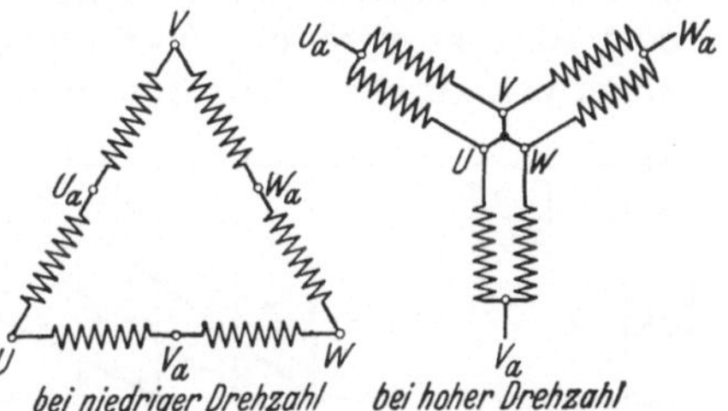

Abb. 32. Schaltbild eines zweifach polumschaltbaren Drehstrom-Käfigläufermotors mit einer Wicklung („Dalanderschaltung").

In diesem Fall ergeben sich 9 Anschlüsse. Werden 4 Geschwindigkeiten verlangt, führt man je 2 im Verhältnis 1:2 zueinander liegende Drehzahlen umschaltbar aus, wodurch sich entsprechend vorstehendem $2 \times 6 = 12$ Klemmen ergeben.

Im Gegensatz hierzu benötigen Motoren für 3 und 4 Geschwindigkeitsstufen und einer einzigen umschaltbaren Wicklung etwa 18 bzw. 24 Klemmen. Solche Motoren fallen allerdings bezüglich ihrer Größe zum Teil wesentlich günstiger aus, da in den Ständernuten nur eine Wicklung untergebracht zu werden braucht. Sie benötigen aber wegen der größeren Zahl der Kontakte größere Schaltgeräte und eine größere Anzahl von Zuleitungen.

33. Regelung durch Periodenumformung. Während Gleichstrommotoren bei entsprechend mechanisch gesicherter Ausführung je nach Größe mit Drehzahlen zwischen 3000 und etwa 6000 U/min hergestellt werden können, ist dies bei Drehstrommotoren und der in Deutschland üblichen Frequenz von 50 Hz nicht ohne weiteres möglich. Bei der kleinstmöglichen Polzahl eines Motors, nämlich bei zwei Polen ist nach der Formel $n = \dfrac{f \cdot 120}{p}$ die höchste theoretische

Drehzahl 3000 U/min. Die tatsächliche Drehzahl liegt um den Betrag des Nennschlupfes etwas darunter. Werden höhere Drehzahlen verlangt, so können diese durch Erhöhung der Frequenz mittels eines asynchronen Induktionsumformers in wirtschaftlicher Weise erreicht werden. Ein solcher Umformer besteht aus einem gewöhnlichen Asynchron-Schleifringläufermotor, der mit einer bestimmten Drehzahl im allgemeinen entgegen seinem eigenen Drehfeld angetrieben wird, meist durch einen normalen Käfigläufermotor, der unmittelbar gekuppelt wird. Beide Maschinen werden an das vorhandene Netz ständerseitig angeschlossen und die erhöhte Periodenzahl an den Läuferklemmen des Induktionsumformers abgenommen (Abb. 33). Der Vorteil der Asynchronumformer besteht darin, daß ein Teil der Abgabeleistung transformatorisch (also rein elektrisch) aus dem 50 Perioden-Netz entnommen wird, wodurch man einerseits einen besseren Wirkungsgrad erzielt, andererseits mit einem kleineren Antriebsmotor auskommt, als wenn ein höher periodischer Strom durch einen Synchrongenerator erzeugt

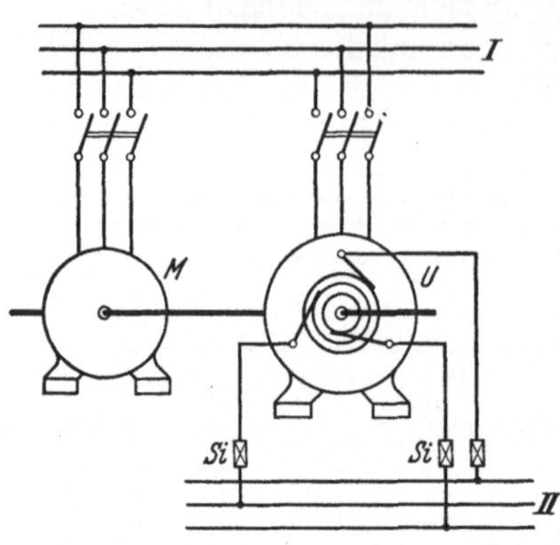

Abb. 33. Grundsätzliches Schaltbild eines Periodenumformers. *M* Antriebsmotor, *U* Induktionsumformer, *I* vorhandenes Netz, *II* Netz mit erhöhter Frequenz.

würde. Wird für das höher periodische Netz ein geerdeter Nullpunkt verlangt, so kann entweder ein 4. Schleifring am Induktionsumformer angeordnet sein, oder aber es wird der 50-Perioden-Strom dem Läufer zugeführt und dann der höher periodische Strom der in Stern geschalteten Ständerwicklung entnommen, wobei der Sternpunkt ohne weiteres geerdet werden kann. Die Frequenz, die ein Induktionsumformer abgibt, ist bei Antrieb durch einen Drehstrommotor, der am gleichen Netz liegt: $f_2 = f_1\left(1 + \dfrac{p_u}{p_m}\right)$ und bei Antrieb durch eine andere Kraftquelle: $f_2 = f_1 + \dfrac{n_u \cdot p_u}{120}$. Die Antriebszahl des Induktionsformers ergibt sich aus: $n_u = \dfrac{f_2 - f_1}{p_u} \cdot 120$. Hierin bedeuten: $f_2 =$ erhöhte Frequenz, $f_1 =$ Frequenz des Primärnetzes, $p_u =$ Polzahl des Periodenumformers, $p_m =$ Polzahl des Antriebsmotors, $n_u =$ Drehzahl, mit der der Läufer des Induktionsumformers gegen sein Drehfeld angetrieben wird.

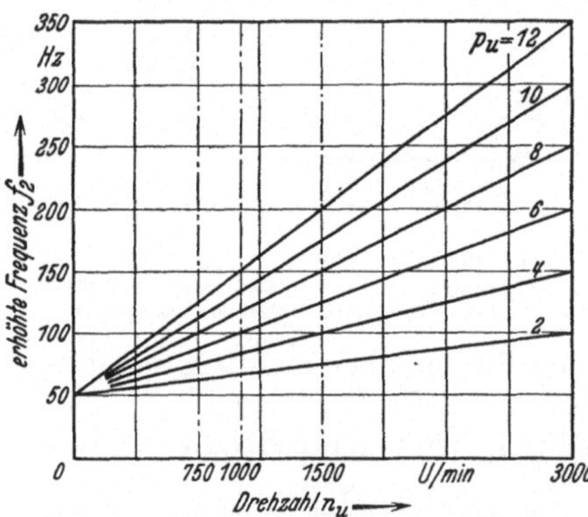

Abb. 34. Abhängigkeit der erhöhten Frequenz f_2 von der Drehzahl n_u und Polzahl p_u des Induktionsumformers.

Die Abb. 34 gibt einen Überblick über die Abhängigkeit der erhöhten Frequenz von der Läuferdrehzahl und der Polzahl des Induktionsumformers. Man erhält z. B. mit Hilfe eines zehnpoligen Induktionsumformers ($p_u = 10$) und eines Antriebsmotors mit der synchronen Drehzahl von 3000 U/min, der entgegen dem Drehfeld treibt, als erhöhte Frequenz $f_2 = 300$ Hz.

Für die Bestimmung der Abgabeleistung und damit der Größe des Periodenumformers ist die Aufnahmeleistung der Arbeitsmotoren, die an ihn angeschlossen werden sollen, maßgebend. Zu beachten ist, daß der Umformer, besonders dann, wenn an ihn nur ein oder zwei schnellaufende Arbeitsmotoren angeschlossen werden, mit Rücksicht auf den im Verhältnis zur Umformerleistung oft beträchtlichen Einschaltstromstoß dieser Motoren meist sehr reichlich ausgelegt sein muß. Einen gewissen Ausgleich kann man allerdings dadurch schaffen, daß man diese Motoren durch Sterndreieckschalter anläßt, was sich für solche Fälle überhaupt empfiehlt. Bei größeren Anlagen kann man unter Berücksichtigung des Gleichzeitigkeitsfaktors, der angibt, wieviel Motoren im Durchschnitt gleichzeitig an den Umformer angeschlossen sind, und ferner unter Berücksichtigung des Ausnutzungsfaktors, der das Verhältnis der durchschnittlichen Belastung zur Nennleistung der Motoren ausdrückt, den Umformer kleiner wählen. Allerdings darf der Antriebsmotor auch nicht zu klein gewählt werden, da einmal der mechanische und elektrische Wirkungsgrad eine Rolle spielt und weiterhin zu berücksichtigen ist, daß beim Zuschalten der einzelnen Motoren vorübergehende Überlastungen auftreten können, die auf keinen Fall zu einem merklichen Drehzahlabfall des Umformers führen dürfen. Beim Einschalten eines Periodenumformers ist darauf zu achten, daß erst der Antriebsmotor und dann der Frequenzumformer an das 50-Perioden-Netz angeschlossen wird. Die Abhängigkeit der Drehzahl eines Asynchronmotors von der Polzahl und Netzfrequenz, mit der er gespeist wird, gibt die Abb. 35 eindeutig wieder. Der größeren Klarheit wegen haben die Netzfrequenzen unter 100 Hz einen besonderen Maßstab.

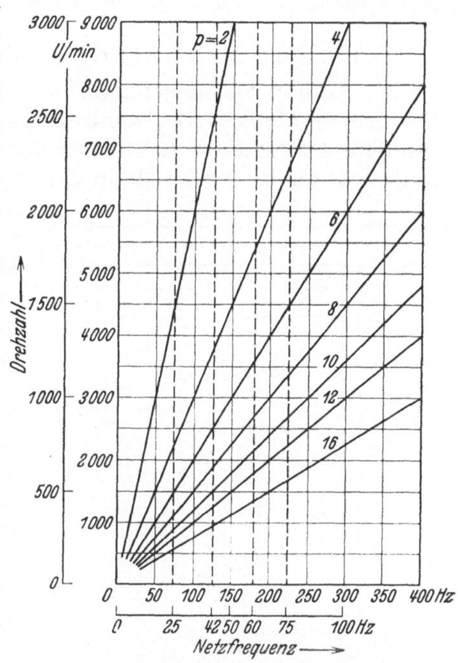

Abb. 35. Abhängigkeit der Drehzahl eines Drehstrom-Asynchronmotors von der Netzfrequenz und seiner Polzahl (*p*).

34. Sonstige Regelmöglichkeiten in Drehstromnetzen. Aus den vorstehenden Abschnitten über die Regelung des Drehstrom-Asynchronmotors geht leider hervor, daß eine feinstufige, belastungsunabhängige Drehzahlregulierung, wie der Gleichstrom-Nebenschlußmotor sie bietet, bei dem Drehstrom-Asynchronmotor nicht möglich ist. Aus diesem Grunde wendet man, sobald Wert auf eine feinstufige Regelung gelegt wird, andere Regelarten an, und zwar:

a) den Leonard-Antrieb, der unter Abschnitt 10 beschrieben ist, wobei in diesem Fall der Antriebsmotor des Leonard-Generators ein Drehstrommotor ist;

b) die Zu- und Gegenschaltung, deren Wirkungsweise aus Abschnitt 11 hervorgeht;

c) den Drehstrom-Nebenschlußkollektormotor, auf den in Abschnitt III E noch näher eingegangen wird;

d) mechanische und hydraulische Getriebe, die eine stufenlose Regelung gestatten, wie z. B. Keilriemen-, Ketten-, Reibrollen-, Reibscheiben- und Flüssigkeitsgetriebe. Zweckmäßigerweise wird hierbei der Motor unmittelbar an das Getriebe angebaut, so daß sich unter Vermeidung einer gemeinsamen Grundplatte für Getriebe und Motor sowie einer besonderen Kupplung zwischen beiden ein organisch verbundenes Ganzes von möglichst geringen Ausmaßen ergibt. Zu beachten ist, ob das Getriebe für gleichbleibendes Moment oder gleichbleibende Leistung ausgelegt ist. Für den Antrieb von Werkzeugmaschinen ist eine Regelung bei gleichbleibender Leistung das Gegebene. Wird keine stufenlose Regelung verlangt, so können für Drehzahlregelung außerhalb der Maschine — z. B. bei Umbau von Stufenscheibenmaschinen auf den elektrischen Einzelantrieb — auch Getriebe verwendet werden, bei denen durch Räderwechsel die verschiedenen Stufen und Regelbereiche geschaltet werden können. Auch bei diesen wird der Motor unmittelbar angeflanscht, so daß sich ein einheitliches Ganzes ergibt.

E. Der Drehstrom-Nebenschlußkollektormotor.

35. Aufbau und Regelung. Der Drehstrom-Nebenschlußkollektormotor ermöglicht eine stufenlose Drehzahlregelung. Man unterscheidet hier zwischen Motoren mit Ständer- und mit Läuferspeisung. Der Aufbau eines ständergespeisten Motors läßt sich am besten an Hand des Anschlußschemas Abb. 36 zeigen. Die Ständerhauptwicklung a ist unmittelbar an das Drehstromnetz RST angeschlossen, so daß der Motor mit ungeändertem Kraftschluß arbeitet, während die Läuferenergie rein induktiv übertragen wird. Der Ständerhilfswicklung b, die in den gleichen Nuten wie die Hauptwicklung a liegt, wird ein Strom niederer Spannung entnommen und über einen Potentialregler d (Drehtransformator), der an sich wie ein normaler kleiner Asynchronmotor mit Schleifringläufer ausgeführt ist, über eine drehbare Bürstenbrücke, einen Kollektor c dem Läufer, einem normalen Gleichstromanker, zugeführt. Die dem Läufer aufgedrückte endgültige Spannung setzt sich demnach aus 2 Teilspannungen zusammen, deren gegenseitige Phasenlage durch den Drehtransformator einstellbar ist und stufenlos zwischen einem größten und kleinsten Wert verändert werden kann. Die als Primärwicklung dienende Läuferwicklung

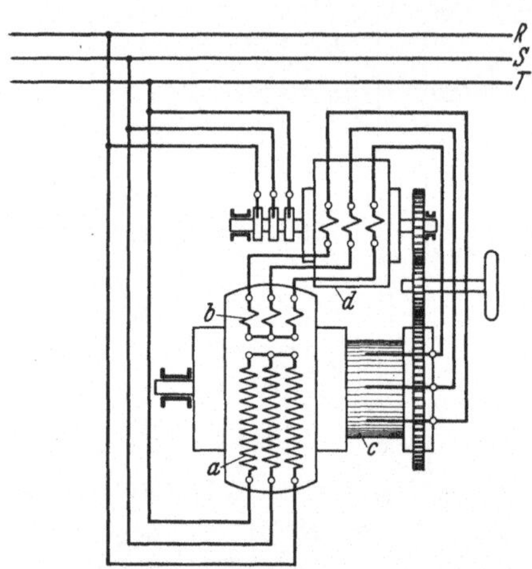

Abb. 36. Schaltung des Nebenschlußkollektormotors (Ständerspeisung). a Ständerhauptwicklung, b Ständerhilfswicklung, c Kollektor mit drehbarer Bürstenbrücke, d Potentialregler.

des Drehtransformators ist über Schleifringe mit dem Netz verbunden. Der Potentialregler regelt grundsätzlich in gleicher Weise wie ein in Leonard-Schaltung gesteuerter Gleichstrommotor, d. h. durch Zuführen veränderlicher Läuferspannung zu dem mit gleichbleibendem Kraftschluß arbeitenden Motor, und zwar so, daß jede beliebige Drehzahl des vorgesehenen Regelbereiches stufenlos einstellbar ist. Im Gegensatz zum Gleichstrommotor läuft aber der Drehstrom-Kommutatormotor mit annähernd synchroner Drehzahl, genau wie ein Asynchronmotor, wenn die dem Läufer zugeführte Spannung gleich Null ist. Je mehr die Spannung gesteigert wird, um so größer wird die Abweichung vom Synchronismus nach oben. Wirkt die dem Anker aufgedrückte Spannung der vom Ständerfeld induzierten Spannung entgegen, so erhält man untersynchrone Drehzahlen. Damit nun dieses genaue Zusammenarbeiten möglich ist, wird der Läufer des Drehtransformators mit der Bürstenbrücke durch Zahnräder verbunden. Sorgt man noch dafür, daß die aufgedrückte und die induzierte Spannung in der Phase etwas gegeneinander verschoben sind, so kann eine Kompensierung (Verbesserung des Leistungsfaktor $\cos \varphi$) erzielt werden.

36. Drehrichtungswechsel wird durch Vertauschen zweier Netzleitungen erreicht.

37. Drehzahl, Drehmoment, Wirkungsgrad, Leistungsfaktor. Die Drehzahl wird stufenlos und praktisch verlustfrei geregelt. Die jeweils eingestellte Drehzahl ist in weiten Grenzen von Belastungs- und Spannungsschwankungen beinahe unabhängig (Abb. 37). Aus diesem Grunde ist der Motor für Werkzeugmaschinen sehr geeignet. Der normale Regelbereich beträgt $1:3$ ($\pm\,50\%$ der synchronen Drehzahl) und ergibt die günstigsten elektrischen Eigenschaften des Motors; doch sind auch größere Regelbereiche ohne Schwierigkeiten zu erzielen, sofern sie erwünscht sind. Der Wirkungsgrad η bleibt nach Abb. 38 fast über den ganzen Regelbereich gleichmäßig gut. Der Leistungsfaktor $\cos\varphi$ liegt bei synchroner Drehzahl bedeutend höher als beim Asynchronmotor gleicher Größe und steigt bei höheren Drehzahlen bis zur Einheit (Abb. 38).

38. Zusammenfassung. Der Drehstrom-Nebenschlußkollektormotor ist für den Antrieb von Arbeitsmaschinen, die eine fein-

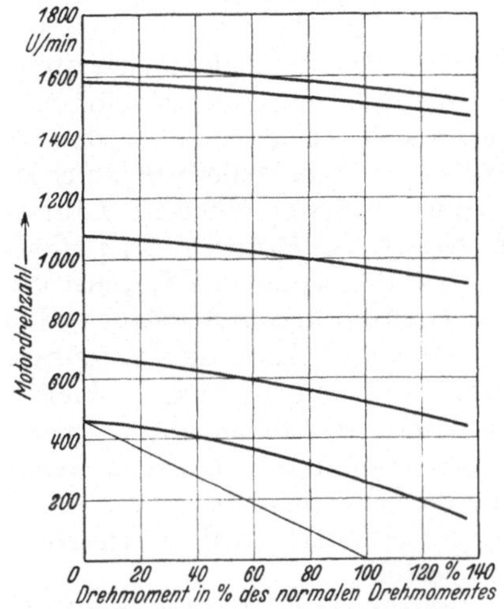

Abb. 37. Drehzahl-Drehmoment-Kennlinien eines Nebenschlußkollektormotors. 25 kW bei 1500 U/min, regelbar von 500...1500 U/min.

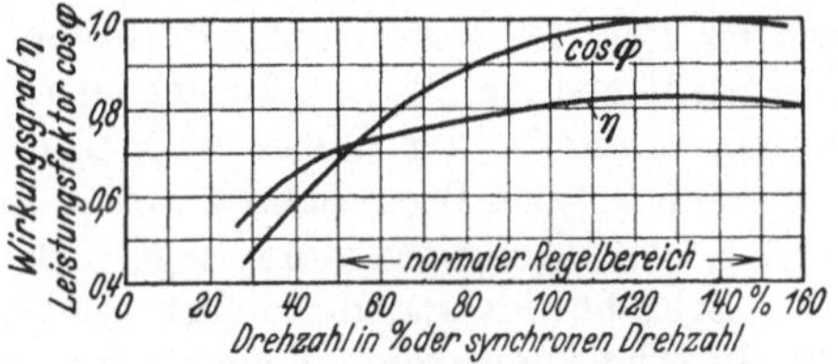

Abb. 38. Wirkungsgrad und Leistungsfaktor eines Drehstrom-Nebenschlußkollektormotors.

stufige (stufenlose) Regelung benötigen, das Gegebene, besonders in Werkstätten, wo nur Drehstrom zur Verfügung steht. Ein Nachteil ist der hohe Preis. Es ist darum zu überlegen, ob es nicht zweckmäßiger ist, einen Gleichrichter oder Umformer aufzustellen und Gleichstrom-Nebenschlußregelmotoren zu verwenden, sobald mehrere Werkzeugmaschinen vorhanden sind, die einen guten regelbaren Antrieb benötigen.

F. Bremsung des Drehstrom-Asynchronmotors.

39. Durch Gegenstrom. Es ist zunächst möglich, den Motor durch Umschalten auf entgegengesetzte Drehrichtung, also durch Gegenstrom, abzubremsen. Das hierbei entstehende Bremsmoment ist besonders bei Käfigläufermotoren, die unmittelbar umgeschaltet werden, außerordentlich groß. Man kann es dadurch herabsetzen, daß man einen Umkehr-Sterndreieckschalter verwendet und den Motor durch Einschalten der Sternstellung der jeweils entgegengesetzten Motordrehrichtung abbremst. In beiden Fällen ist aber darauf zu achten, daß der Schalter rechtzeitig wieder in die Nullstellung gebracht wird, damit der Motor nicht in der entgegengesetzten Drehrichtung hochläuft. Hierzu kann der Schalter so ausgeführt werden, daß er in der Bremsstellung eine Rückschnellfeder erhält, die ihn beim Loslassen sofort in die Nullstellung zurückführt. Weiter ist wichtig zu wissen, daß der Käfigläufermotor nicht beliebig oft gebremst bzw. umgeschaltet werden kann. Da die gesamte Bewegungsenergie in seinem Innern selbst vernichtet werden muß, erwärmt er sich schnell, besonders dann, wenn größere Schwungmassen mit ihm gekuppelt sind. Es ist deshalb ratsam, bei der Lieferfirma unter Angabe des Schwungmomentes rückzufragen, wenn eine besonders häufige Bremsung oder Umkehrung notwendig ist. Das Bremsmoment kann dadurch herabgesetzt werden, daß man in der Bremsstellung durch ein- oder zweiphasige Widerstände zwischen Netz und Ständerwicklung die Spannung herabsetzt, wodurch das Drehfeld im Motor verzerrt wird. Die Widerstände werden zweckmäßigerweise im normalen Betrieb kurzgeschlossen, um unnütze Stromverluste zu vermeiden. Soll bei Käfigläufermotoren selbsttätig durch Gegenstrom auf Stillstand gebremst werden, so ist dies zunächst mechanisch durch einen sogenannten Schleppschalter möglich, der auf der Motorwelle sitzt und allerdings erst beim Wechsel der Drehrichtung anspricht und dadurch den Gegenstrom ausschaltet. Eine weitere Möglichkeit besteht darin, einen Fliehkraftschalter zu verwenden, der aber sehr empfindlich sein muß, weil er bei einer sehr niedrigen Drehzahl ansprechen soll. Am zweckmäßigsten ist es, eine Tachometerdynamo oder einen kleinen Hilfsmotor mit Schleifringläufer zu verwenden, der die bei Schleifringläufermotoren zur Verfügung stehende Läuferspannung ersetzt und die betreffenden Schützen steuert. Bei Motoren mit Schleifringläufer und dauernd aufliegenden Bürsten ist bei Bremsung mit Gegenstrom eine Einstellung des Bremsmomentes in gewissen Grenzen dadurch möglich, daß man den Anlaßwiderstand ganz oder teilweise einschaltet. Auch hier ist darauf zu achten, daß der Motor nicht in der entgegengesetzten Drehrichtung hochläuft. Bei selbsttätigen Anlaß- und Bremseinrichtungen wird er in Abhängigkeit von der Läuferspannung in der Weise stillgesetzt, daß ein spannungsabhängiges Relais (Bremswächter) das Bremsschütz abschaltet, wenn die Läuferspannung noch etwas über der Stillstandsspannung liegt. Der richtige Zeitpunkt wird durch einen kleinen Schiebewiderstand an Ort und Stelle eingestellt.

40. Durch Gleichstrom. Eine sanfte und doch kräftige Bremsung bis zum Stillstand ist dadurch möglich, daß man die Ständerwicklung mit Gleichstrom speist und dadurch anstatt des vorher geschilderten gegenläufigen Drehfeldes ein im Raum stillstehendes magnetisches Feld erzeugt, das den Läufer abbremst. Ist kein Gleichstromnetz vorhanden, so empfiehlt es sich, besonders wenn mehrere Werkzeugmaschinen vorhanden sind, die oft abgebremst werden sollen, einen gemeinsamen kleinen Motorgenerator aufzustellen. Soll dagegen nur eine Werkzeugmaschine und diese nicht allzu häufig abgebremst werden, so kann der Umformer so angeschlossen werden, daß er nur beim Bremsen eingeschaltet wird. Da er schnell hochläuft, ist eine sofortige Bremsung möglich. Zur Erzeugung des Gleichstromes, besonders dann, wenn nur bestimmte Werkzeugmaschinen abgebremst werden sollen, können auch Trockengleichrichter verwendet werden, die ihres sehr kleinen Platzverbrauches wegen leicht an geeigneter Stelle, z. B. im Steuerungsschrank, eingebaut werden können. Von großem Vorteil ist es, daß ein Pulsieren des Gleichstromes durch Glättungseinrichtungen (Kondensator und Drosseln) nicht fortgebracht zu werden braucht. Außerdem kommt man mit einer geringen Anzahl hintereinander geschalteter Gleichrichterplatten aus, da der Energieaufwand für die Bremsung in den meisten Fällen nicht groß ist und die große Überlastungsfähigkeit des Trockengleichrichters, der nur während der kurzen Bremszeiten eingeschaltet ist, voll ausgenützt werden kann. Hierbei wird zweckmäßigerweise bei Anschluß an ein Drehstromnetz ein kleiner Transformator zwischengeschaltet, da die notwendige Gleichspannung sehr niedrig liegt. Den Transformator kann man außerdem noch mit verschiedenen Anzapfungen ausführen, um eine gewisse Regelung der Gleichspannung und damit des Gleichstromes unter Vermeidung von Widerständen zu ermöglichen. Die Gleichspannung ist zunächst vom Ohmschen Widerstand des Ständers und von dem zu wählenden Bremsstrom abhängig. Dieser wird wieder unter Berücksichtigung des Schwungmomentes, das vernichtet werden soll, der Motordrehzahl und der Bremszeit bestimmt. Der Bremsstrom hat bei Käfigläufermotoren ungefähr die 1,5 ... 2fache

Größe vom Normalstrom, während er bei Schleifringläufermotoren ungefähr gleich dem Motornennstrom ist.

41. Durch Bremslüfter. Es setzt eine mechanische Bremse voraus, auf die ein Bremslüfter unmittelbar einwirkt (Abb. 39). Der Bremslüftmagnet wird an die Statorklemmen des Motors angeschlossen und lüftet, sobald der Motor eingeschaltet wird, die Bremsbacken (Abb. 40). Von Nachteil ist bei Drehstrom die verhältnismäßig große Scheinleistungsaufnahme des Bremslüfters, die bei der Bestimmung der Schaltapparate, der Sicherungen und mitunter auch der Zuleitungen berücksichtigt werden muß. Sie beträgt bei den kleinsten Größen etwa 1,5 und bei den größten etwa 110 kVA, während der Scheinleistungsverbrauch in angezogenem Zustand nur etwa 150 VA bzw. 5 kVA beträgt. Bei der Aufstellung und später beim Betrieb ist darauf zu

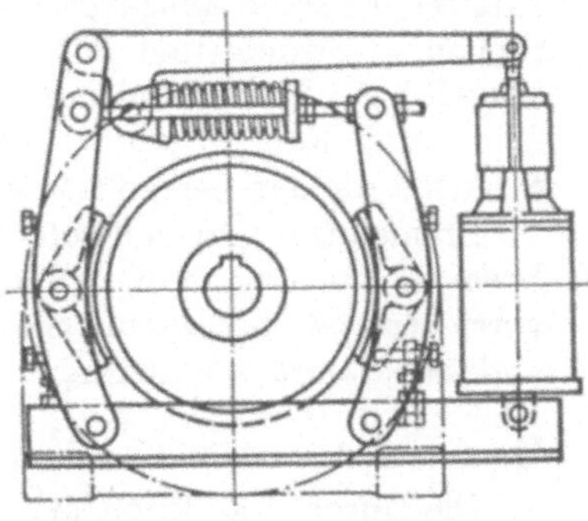

Abb. 39. Backenbremse mit elektrohydraulischem Hubzeug (s. Abb. 41).

achten, daß die Bremsvorrichtung, das Gestänge oder ein anderer Teil nicht irgendwie klemmt und dadurch verhindert, daß der Anker ganz angezogen wird. Berühren sich nämlich die Polflächen nicht, so nimmt die Spule einen unzulässig hohen Strom auf, durch den sie sehr schnell beschädigt werden kann. Da der Anker sehr schnell und dadurch scharf angezogen wird, müssen in den Bremslüftern Luftpuffer sein. Für die Bestimmung von Bremslüftmagneten ist die Zugkraft und der Hub maßgebend. Außerdem spielt die Schalthäufigkeit und die verhältnismäßige Einschaltdauer (% ED s. Abschn. 51) eine Rolle, da durch diese die Erwärmung der Magnetwicklung beeinflußt wird, zumal beim Drehstrombremslüfter, wie oben beschrieben, der Einschaltstrom sehr viel

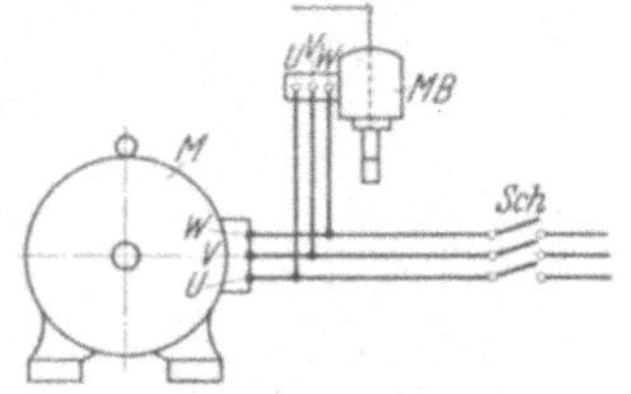

Abb. 40. Anschluß eines Drehstrommagnetbremslüfters. *MB* Magnetbremslüfter, *M* Motor, *Sch* Schalter.

größer ist als der nach Beendigung des Hubes benötigte Haltestrom. Soll häufiger geschaltet werden, so muß der Hub verkleinert werden, wodurch dann die Scheinleistung beim Einschalten im gleichen Verhältnis sinkt. Die Magnetbremslüfter können, um ungefähr einen Begriff über die normal mögliche Schalthäufigkeit zu haben, bei 25 und 40% ED für etwa 120 ... 600 Schaltungen je Stunde, bei 70% ED für etwa 80 ... 120 und bei 100% ED (also Dauereinschaltung) nur für 10 Schaltungen je Stunde verwendet werden.

Im Gegensatz zum Magnetbremslüfter arbeitet das elektrohydraulische Hubzeug in Abb. 41 sanft, stoßfrei und praktisch geräuschlos. Außerdem ist der Stromverbrauch gering gegenüber einem Magnetbremslüfter annähernd gleicher Leistung. Besonders für sehr große Schalthäufigkeit ist dieses Gerät geeignet, da diese wirtschaftlich mit Wechselstrommagneten wegen des hohen Einschaltstromes und wegen des harten Anschlages der Blechpakete an das Magneteisen nicht zu erreichen ist. Das Gerät besteht aus einem kleinen Antriebsmotor, Zylinder, Kolben mit Führungsgestänge, Flügelrad, Antriebswelle und Stoßdämpfung. Beim Einschalten des Motors fördert das mit hoher Drehzahl laufende Flügelrad das Öl aus dem Zylinderraum oberhalb des Kolbens in den darunterliegenden und erzeugt so einen Öldruck, der

Abb. 41. Elektrohydraulisches Hubzeug.

den Kolben nach oben bewegt. Der Druck ist abhängig von der Drehzahl, der Größe des Flügelrades und der Kolbenfläche. Beim Ausschalten des Motors sinkt der Kolben schnell, aber infolge der Öldämpfung sanft und stoßfrei, in seine Ausgangsstellung zurück. Es werden normal bis zu 600 Schaltungen je Stunde und mit verkürztem Hub bis zu 3600 Schaltungen je Stunde ausgeführt. Bei normaler Schaltzahl ist der Hubweg beliebig einstellbar. Außerdem kann durch Veränderung der Belastung die Hub- und Senkzeit sowie die Schalthäufigkeit geregelt werden.

Bremslüfter und elektrohydraulisches Hubzeug können außer den mechanischen Bremsen auch noch Kupplungen, Ventile, Kipp- und Wipptische sowie Spannvorrichtungen bedienen. Sie können ferner auf Getriebeumschaltungen, Steuer- und Schaltgeräte einwirken.

G. Der Leistungsfaktor cos φ und seine Verbesserung.

Die durch Induktion arbeitenden elektrischen Drehstrommaschinen, also besonders Motoren und Transformatoren nehmen außer dem Strom, der für die aufzuwendende Arbeit verbraucht wird, dem Wirkstrom, noch einen Blindstrom zur Erzeugung ihres magnetischen Feldes auf. Diese Blindströme setzen sich mit den Wirkströmen, die mit der Spannung U in Phase liegen (also zeitlich gleicher Durchgang durch Null sowie durch Höchstwert, Abb. 42 I), geometrisch zu dem in den Leitungen fließenden Gesamtstrom zusammen (Abb. 43), den man mit dem Strommesser messen kann. Man nennt ihn Scheinstrom, da er nicht voll für die nutzbare Arbeit in Betracht kommt. Das Produkt aus Gesamtstrom und Spannung wird Scheinleistung genannt und in kVA gemessen. Dementsprechend heißt das Produkt aus Wirkstrom und Spannung Wirkleistung, gemessen in kW, und das aus Blindstrom und Spannung Blindleistung, gemessen in kVA. Das Verhältnis von Wirkleistung zu Scheinleistung führt die Bezeichnung cos φ oder Leistungsfaktor, wobei nach Abb. 42 II der Phasenverschiebungswinkel φ zwischen Gesamtstrom I und der

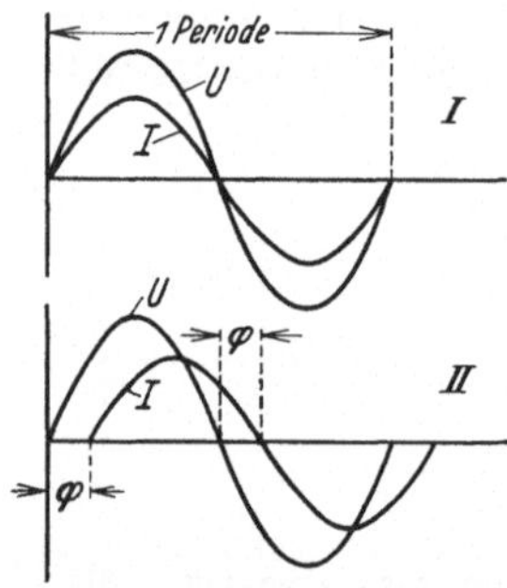

Abb. 42. Verlauf der Wechselspannung U und des Wechselstromes I während einer Periode. *I* Strom und Spannung in Phase, *II* Strom nacheilend zur Spannung verschoben, φ Phasenverschiebung.

Spannung U liegt. Je größer der für die Magnetisierung benötigte Blindstrom I_b im Verhältnis zum Wirkstrom I_w ist, desto größer ist auch gemäß Abb. 44 die Nacheilung des in der Leitung fließenden Gesamtstromes I gegen die Spannung U.

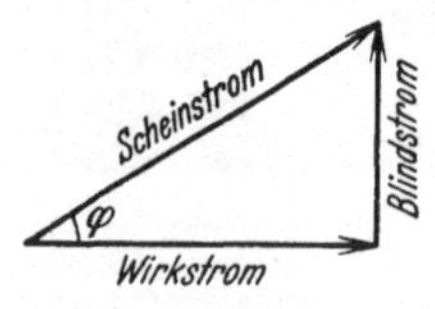

Abb. 43. Geometrische Addition von Wirk- und Blindstrom.

Diese Erscheinung tritt besonders bei wenig belasteten Motoren und Transformatoren auf, da ihr Magnetisierungsstrom nur wenig von der Belastung abhängt, bei Leerlauf also beinahe so groß wie bei Vollast ist. Daraus geht hervor, daß es zur Erzielung eines guten cos φ unbedingt notwendig ist, die Leistung der Motoren dem tatsächlichen Kraftbedarf entsprechend zu wählen, damit ein Lauf der Motoren mit schlechter Belastung soweit wie irgend möglich vermieden wird. Wichtig ist ferner, die Werkzeugmaschine nur durch Abschalten des Motors stillzusetzen, damit jeder Leerlauf und unnützer Stromverbrauch vermieden wird. Für die Größe der Erzeugungs- und Verteilungsanlagen ist der Gesamtstrom (Scheinstrom) bestimmend. Von ihm hängt die Erwärmung der Generatoren, Übertragungsleitungen und Transformatoren und ebenso die Ermittlung des Spannungsabfalls an der Verbraucherstelle ab. Die Anlagekosten und damit der Kapitaldienst eines Kraftwerkes nehmen mit wachsender Phasenverschiebung zu. Das hat zur Folge, daß das Kraftwerk den Blindstromverbrauch bei den Tarifen berücksichtigt und den Abnehmern, die ihre Leistung mit gutem cos φ beziehen, Tarifvergünstigungen einräumt bzw. denen, die einen schlechten cos φ in ihrer Anlage haben, erhöhte Strompreise berechnet. Der Blindverbrauch wird in den meisten Fällen mit besonderen Blindverbrauchsmessern ermittelt. Es sei an dieser Stelle noch erwähnt, daß die normalen Leistungsmesser für Dreh- oder Wechselstrom nur die Wirkleistung messen. Der Leistungsfaktor kann auf drei Arten ermittelt werden: a) durch Strom-, Spannungs- und Leistungsmesser (für Anlagen, in denen nur hin und wieder eine Kontrolle erwünscht ist); b) durch Strom- und Blindstrommesser (selten angewendet); c) durch unmittelbar zeigenden Leistungsfaktormesser (cos φ-Messer) für eine ständige Kontrolle.

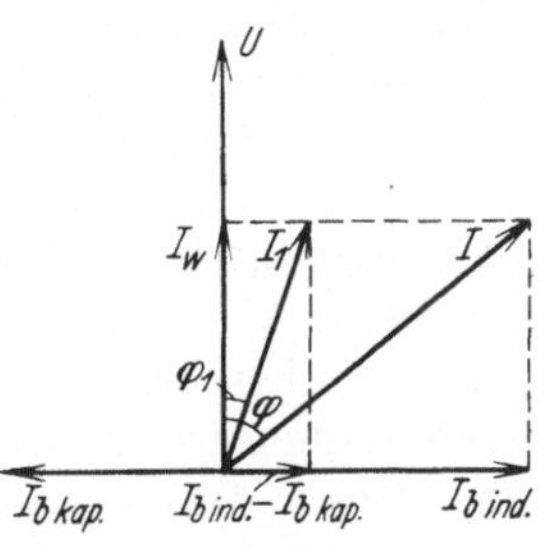

Abb. 44. Auswirkung einer Blindstromkompensierung durch kapazitive Belastung. I ursprünglicher Scheinstrom, $I_{b\,ind}$ ursprünglicher induktiver Blindstrom, φ ursprüngliche Phasenverschiebung, $I_{b\,kap}$ kapazitiver Blindstrom zur Verbesserung der Phasenverschiebung, I_1 endgültiger Scheinstrom, $I_{b\,ind}-I_{b\,kap}$ endgültiger Blindstrom, φ_1 endgültige verbesserte Phasenverschiebung, I_w Wirkstrom, U Spannung.

Für den Verbraucher ist es wichtig, festzustellen, ob er nicht durch eigene Maßnahmen zur Verbesserung des cos φ günstigere Gesamtstromkosten erzielen kann. Technische und zugleich wirtschaftliche Überlegungen sind auch nötig, wenn z. B. eine Anlage für die Übertragung der erforderlichen Leistung bei einem bestimmten Blindstromverbrauch nicht mehr ausreicht und festzustellen ist, ob es wirtschaftlicher ist, den Leistungsfaktor zu verbessern oder die Anlage zu erweitern. Diese Verbesserung des Leistungsfaktors beruht, außer auf der bereits erwähnten richtigen Größenwahl der Motoren, grundsätzlich darauf, daß Einrichtungen an das Netz geschlossen werden, die kapazitiven Strom aufnehmen, der um 180° gegenüber dem zu beseitigenden induktiven Blindstrom phasenverschoben ist. In Abb. 44 ist die Auswirkung dargestellt. Der kapazitive Blindstrom $I_{b\,kap}$ wirkt dem induktiven $I_{b\,ind}$ entgegen und schwächt ihn so, daß ein viel kleinerer Gesamtblindstrom und damit kleinerer Scheinstrom I_1 benötigt wird. Zur Leistungsfaktorverbesserung werden verwendet: a) Phasenschieber im Läuferkreis von Drehstrommotoren; b) Synchronmotoren; c) Kondensatoren.

Während die Phasenschieber und Synchronmotoren wirtschaftlich nur von Abnehmern verwendet werden können, die große Motoren besitzen, und die Synchronmotoren wiederum vorteilhaft besonders dann, wenn sie auch mechanisch belastet sind, kommen für Werkstätten und Fabrikanlagen bis ungefähr 500 ... 600 kVA Kondensatoren in Betracht. Sie lassen sich überall, sogar im Freien, unterbringen und brauchen weiter kein Fundament. Irgendeine Wartung ist nicht notwendig. Sie haben keine bewegten Teile, arbeiten geräuschlos und haben nur ganz geringe Verluste (Abb. 45).

Abb. 45. Starkstrom-Kondensatoren-Anlage für 180 kVA, 380 V, 50 Hz.

H. Umformung von Drehstrom in Gleichstrom.

Sobald in einer Werkstatt nur Drehstrom vorhanden ist, wird es sich in bestimmten Fällen als besonders zweckmäßig erweisen, die eine oder die andere

Werkzeugmaschine oder eine ganze Gruppe der besseren Regelung und damit höheren Ausnutzung wegen mit Gleichstrom-Nebenschlußreguliermotoren anzutreiben. Sofern nicht schon die unter Abschn. 10 u. 11 beschriebene Leonard- oder Zu- und Gegenschaltung in Betracht kommt, erhält man den notwendigen Gleichstrom aus dem vorhandenen Drehstrom durch Umformung durch a) Gleichrichter (ruhender Umformer); b) Motorgenerator (umlaufender Umformer); c) Einankerumformer (umlaufender Umformer).

42. Gleichrichter. Diese haben für die Umformung von Drehstrom in Gleichstrom in der Werkstatt eine große Bedeutung erlangt, und sollen deshalb besonders ausführlich beschrieben werden, zumal sie eine Reihe großer Vorteile gegenüber den umlaufenden Umformern besitzen. Diese Vorteile sind:

a) Hoher Wirkungsgrad, besonders bei hohen Spannungen und bei Teillasten, daher sehr guter Jahreswirkungsgrad, besonders in Betrieben mit schwankender Belastung.

b) Unempfindlichkeit gegen Kurzschluß, große stoßweise Überlastungsfähigkeit.

c) Einfache Inbetriebsetzung.

d) Keine Wartung und Bedienung.

e) Schnelle Inbetriebsetzung und Parallelschaltung wegen Fortfall des Synchronisierens und Polarisierens, daher besonders für Fernsteuerung oder selbsttätigen Betrieb geeignet.

f) Stufenlose Regelung von Null bis zum Sollwert durch Gittersteuerung.

g) Geringste Abnutzung, da ohne bewegliche Teile.

h) Geringer Platzbedarf, da die Gleichrichtergestelle infolge ihres geringen Gewichtes in jedem verfügbaren Raum oder neben Schalttafeln aufgestellt werden können, zumal sie keine besonderen Fundamente benötigen.

i) Geräuschloses Arbeiten.

k) Beste Reservemöglichkeit, weil die Aufstellung mehrerer Einheiten den Wirkungsgrad nicht ungünstig beeinflußt.

Arbeitsweise. Die Umformung bzw. Gleichrichtung des Drehstromes im Quecksilberdampf-Gleichrichter beruht auf dem Umstand, daß zwischen einer glühenden und einer kalten Elektrode der Strom nur in einer Richtung, und zwar von der kalten zu der glühenden Elektrode, fließen kann. Es werden also nur diejenigen Halbwellen des Drehstromes (Abb. 46) durchgelassen und damit zur Gleichstrombildung ausgenutzt, für welche die kalten Elektroden A (Anoden) positiv gegenüber der glühenden Elektrode K (Kathode) sind. Diese setzen sich infolge der um 120° verschobenen Phasen zu einem Gleichstrom zusammen (Abb. 47), wobei sich die Schaulinie des gleichgerichteten Stromes als die einhüllende Kurve der einzelnen Anodenströme ergibt. Gleichrichter größerer Leistung baut man mit 6 oder 12 oder 24 Anoden und erreicht so, daß der umgeformte Gleichstrom immer weniger wellig wird und sich kaum noch von dem in einem Gleichstromgenerator erzeugten Gleichstrom unterscheidet.

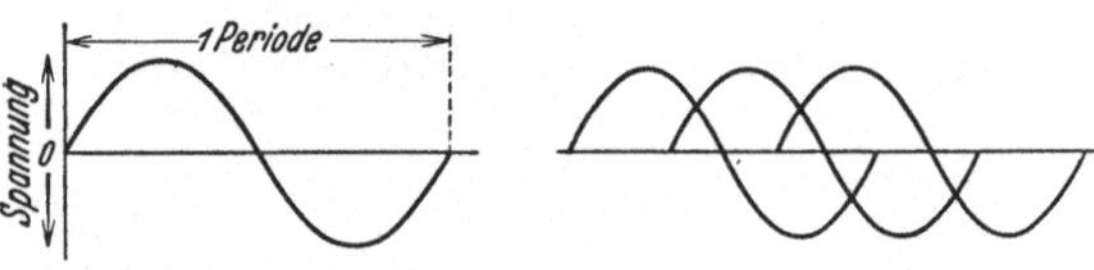

Abb. 46. Spannungsverlauf bei Wechselstrom und Drehstrom.

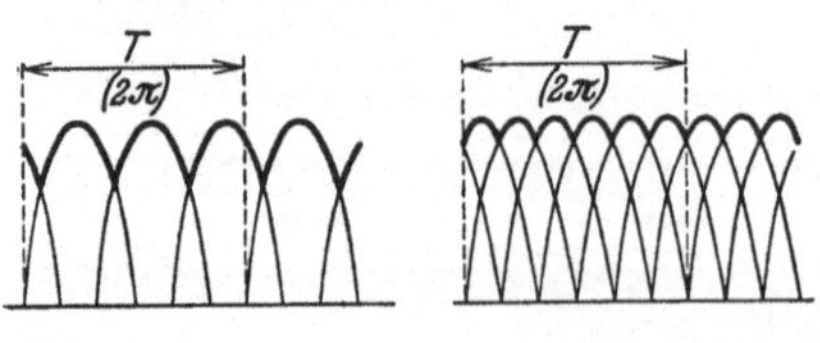

Abb. 47. Spannungsverlauf eines drei- und eines sechsphasigen Quecksilberdampfgleichrichters während einer Periode des zugeführten Drehstromes.

Die Primärseite I des Transformators T (Abb. 48) wird an das vorhandene Drehstromnetz angeschlossen.

Der durch die Gleichrichteranlage erzeugte Gleichstrom verläuft dann, ausgehend von der Sekundärseite II des Transformators abwechselnd über eine der Anoden A zur Kathode K des Gleichrichters, von hier weiter über das Gleichstromnetz und die daran angeschlossenen Verbraucher zurück zum Nullpunkt des Transformators. Zu beachten ist, daß die Kathode, obwohl sie für den Gleichrichter der negative Pol ist, für das Gleichstromnetz der positive Pol P wird, während der Sternpunkt des Transformators den negativen Pol N bildet. Der unmittelbare Anschluß eines Gleichrichters ohne Transformator an ein Drehstromnetz mit geerdetem Nulleiter ist daher nur angängig, wenn auch der Minuspol des Gleichstromnetzes geerdet werden kann. Andernfalls ist immer ein besonderer Transformator aufzustellen, der Dreieck-Stern- oder Stern-Zickzack-Schaltung haben muß. Der Nullpunkt muß für die volle Gleichstromstärke bemessen sein.

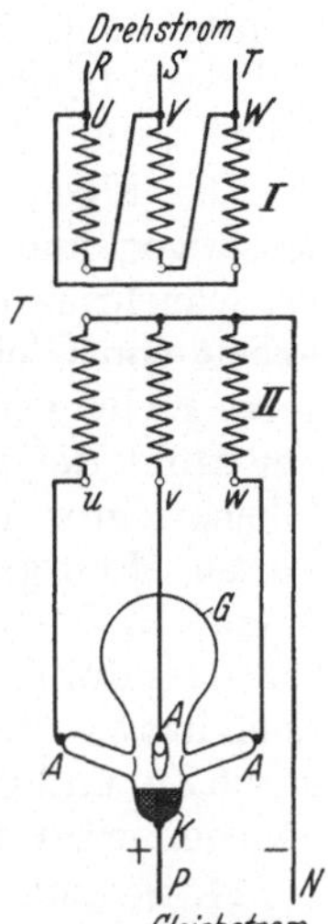

Abb. 48. Grundsätzliche Schaltung eines Quecksilberdampfgleichrichters. T Transformator (Dreieck-Stern-Schaltung), I Primärseite, II Sekundärseite, G Gleichrichtergefäß, A Anoden, K Kathode.

Kleinere Gleichrichter werden meist mit Glühkathoden ausgeführt, die von demselben Netz beheizt werden, das auch den Strom für den gesamten Gleichrichter liefert. Die größeren Gleichrichter dagegen besitzen eine flüssige Quecksilberkathode. Durch eine besondere Zündanode, die man mit dem Quecksilber kurzzeitig in Kontakt bringt, wird eine glühende Lichtbogenkathode (Kathodenfleck) auf dem Quecksilber erzeugt. Bei älteren Gleichrichtern ist die Zündanode mit dem Anker der Kippspule verbunden, durch die der Lichtbogen gezogen wird, der dann auf die Hauptanoden übergeht (Zündung). Bei neueren Gleichrichtern dagegen wird eine innen bewegliche Zündanode verwendet (Feder- oder Tauchzündung), die von einem außen angeordneten Magneten bewegt wird, so daß die Glasgefäße nicht mehr wie früher gekippt zu werden brauchen. Da der Kathodenfleck eine Temperatur von etwa 3000° hat, entwickelt er fortwährend Quecksilberdampf, der die Strombeförderung zwischen den Anoden und der Kathode übernimmt. Das Quecksilber fließt durch Kondensation an den gekühlten Wänden des oben an den Gefäßen befindlichen Kondensraumes in die darunter liegende Kathode zurück, so daß die Quecksilbermenge in der Kathode ständig erhalten bleibt. Durch besondere Erregeranoden wird vermieden, daß der Lichtbogen bei schwacher

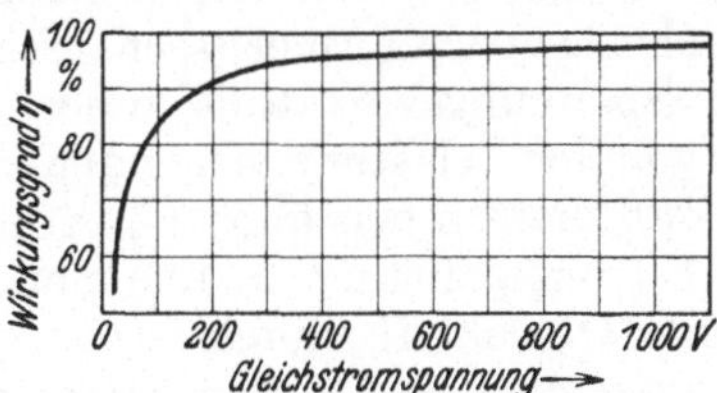

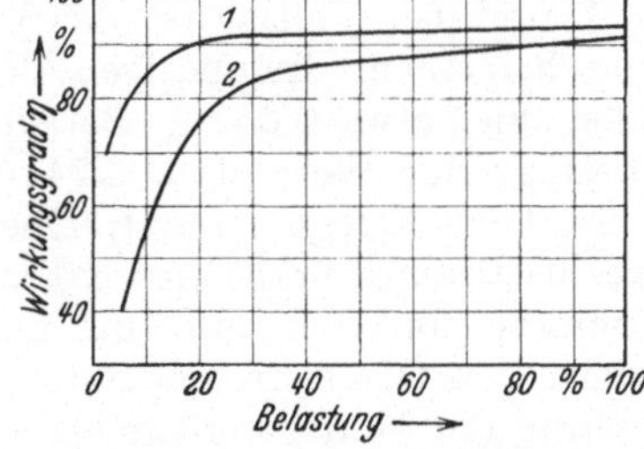

Abb. 49. Wirkungsgrad des Gleichrichters bei verschiedenen Gleichspannungen.

Abb. 50. Wirkungsgradverlauf und Vergleich. 1 Gleichrichter einschl. Transformator, 2 Einankerumformer einschl. Transformator.

Belastung und bei Leerlauf abreißt. Um eine Oxydation des Quecksilbers und der Elektroden im Lichtbogen zu verhindern und außerdem einen möglichst geringen Spannungsverlust im Gleichrichter zu haben, muß das Gleichrichtergefäß soweit wie möglich luftleer und von allen Gasresten befreit sein.

Die Verluste innerhalb des Gleichrichters entstehen durch den Spannungsabfall des Lichtbogens und betragen unabhängig von der Belastung je nach Größe des

Gleichrichters 15 ... 22 V. Sie sind von der Stromstärke praktisch unabhängig. Hieraus erklärt sich der hohe Wirkungsgrad des Gleichrichters bei höheren Gleichstromspannungen (Abb. 49). Die Verluste im Transformator und in der Hilfsapparatur bedingen natürlich ein geringes Absinken des Gesamtwirkungsgrades der Gleichrichteranlage. Der Gesamtwirkungsgrad zwischen Viertellast und Vollast bleibt bei dem Gleichrichter im Gegensatz zu dem umlaufenden Umformer praktisch gleich groß (Abb. 50).

Die Eigenart des Gleichrichters, auch bei vorübergehenden stärkeren Überlastungen nur ein unwesentliches Absinken der Spannung zu zeigen, ermöglicht es, Gleichrichter ohne besondere Regeleinrichtung arbeiten zu lassen. Zur Rückarbeit von Gleichstromenergie ins Drehstromnetz können Gleichrichter ohne weiteres nicht verwendet werden, ebenso nicht zur Phasenverbesserung. Je nach der Höhe der gleichzurichtenden Stromstärke verwendet man Quecksilberdampf-Gleichrichter mit Glas- (etwa 10 ... 500 A) oder mit Eisenkörper.

43. Motorgenerator. Dieser besteht aus einem Gleichstromgenerator, der mit einem Drehstrommotor meistens umittelbar gekuppelt ist. Diese Art der Umformung durch an sich normale Maschinen wäre an und für sich das nächstliegende, doch hat sie für die Werkstatt bei größeren Leistungen mit Ausnahme der Leonard- sowie Zu- und Gegenschaltung keine wesentliche Bedeutung. Für kleine Leistungen dagegen wird der Motorgenerator verwendet.

44. Einankerumformer. Während beim Motorgenerator die elektrische Energie der einen Stromart erst im Motor in mechanische und diese wieder im Generator in elektrische Energie der anderen Stromart umgeformt wird, wird beim Einankerumformer in einen einzigen Anker umgeformt. Der Umformer ist wie eine Gleichstrommaschine gebaut, bei der bestimmte Punkte der Ankerwicklung mit Schleifringen verbunden sind. Der Einankerumformer hat einen hohen Wirkungsgrad. Als weitere Vorteile ergeben sich niedrigere Anschaffungskosten als beim Motorgenerator, ein geringeres Gewicht und kleinerer Platzbedarf. Außerdem läßt sich, falls notwendig, die Spannung teilen. Der Umformer hat normalerweise einen Leistungsfaktor von $\cos \varphi = 1$ und kann auch verwendet werden, um den Netzleistungsfaktor der Anlage, besonders bei Teilbelastungen und bei Leerlauf, zu verbessern.

Da meistens beide Stromarten aus derselben Wicklung entnommen werden, liegt das Übersetzungsverhältnis zwischen ihnen fest. Bei einem $\cos \varphi = 1$ und bei Vollast ist das Verhältnis der Drehstrom- zur Gleichstromspannung bei einem dreiphasigen Umformer (dreiphasig, wenn drei Schleifringe vorhanden sind) etwa 0,65 : 1. Bei einem sechsphasigen Umformer (sechs Schleifringe) beträgt der Wert etwa 0,74 : 1. Dieses Spannungsverhältnis ändert sich bei verschiedener Erregung nicht. Ebenso ist es von der Belastung wenig abhängig.

Dieses bestimmte Verhältnis hat zur Folge, daß man in fast allen Fällen einen Transformator vorsehen muß, um auf die Drehstromspannung zu kommen, die der gewünschten Gleichstromspannung entspricht. Obwohl hierdurch der Gesamtwirkungsgrad der Umformerlage etwa 2% herabgesetzt wird, liegt er immer noch über dem des Motorgenerators.

Das gesamte Übersetzungsverhältnis der Drehstromprimärspannung (Drehstromnetzspannung) zur erzeugten Gleichstromspannung ist von der Belastung nur in geringem Maße abhängig.

IV. Der Einphasenwechselstrommotor.

Obgleich der Einphasenwechselstrommotor in Werkstätten wohl allgemein durch den Drehstrommotor verdrängt worden ist, hat der Einphasenmotor für den

Kleinantrieb doch eine erhöhte Bedeutung dadurch erlangt, daß er in Drehstromnetzen an die Lichtleitung angeschlossen und besonders überall dort verwendet werden kann, wo man die Kosten für die Installation einer Drehstromanlage scheut. Da die größtzulässige Motorleistung durch das Elektrizitätswerk für Anschluß an die Lichtleitung begrenzt ist und bei etwa 1 kW liegen dürfte, sollen im nachstehenden diese kleinen Motoren beschrieben werden, die natürlich einen Käfigläufer haben.

A. Der Einphaseninduktionsmotor.

45. Die verschiedenen Ausführungen und Schaltungen. Der Einphaseninduktionsmotor entspricht in seinem Aufbau ungefähr dem des Drehstrom-Asynchronmotors mit dem Unterschied, daß sein Ständer nur eine einzige Wicklung trägt. Der Läufer wird ebenfalls entweder als Käfigläufer oder aber mit Schleifringen ausgeführt, wenn dieses in Einphasenwechselstromnetzen bei größeren Leistungen verlangt wird. Da das im Einphaseninduktionsmotor entstehende magnetische Feld nur zwischen den Polen zeitlich pulsiert, aber räumlich feststeht, läuft der Motor nicht von selbst an. Ist er jedoch im Betrieb, so bildet er sein Drehfeld selbst. Man ordnet deshalb für den Anlauf eine Hilfsphase an, in die entweder ein Kondensator oder eine Drosselspule geschaltet wird. Dadurch erreicht man, daß die Ströme der Haupt- und Hilfsphase und damit ihre magnetischen Felder um einen möglichst großen Winkel (etwa 90°) gegeneinander phasenverschoben werden. Hierdurch und ferner noch durch eine räumliche Versetzung der beiden Wicklungen gegeneinander entsteht ein Drehfeld, das den Läufer mitnimmt.

Für die vorteilhafte Verwendung des Einphasenwechselstrommotors wurde die Möglichkeit einer einwandfreien Herstellung der Kondensatoren von ausschlaggebender Bedeutung. Durch deren richtige Wahl und durch zweckmäßige Auslegung der Motoren erreicht man, daß der Motor mit einem kräftigen Anzugsmoment hochläuft, daß der Einschaltstrom gering bleibt, so daß sehr viele Kleinmotoren an normale 6 A-Dosen angeschlossen werden können, daß der Leistungsfaktor des Motors gute Werte annimmt, daß Wirkungsgrad und Ausnutzbarkeit des Motors steigen, und daß schließlich die Stromkosten verhältnismäßig niedrig bleiben.

Je nachdem die Kondensatoren in der Hilfsphase nur beim Anlauf oder auch während des Betriebes eingeschaltet sind, spricht man von Anlauf- bzw. Betriebskondensatoren, die selbstverständlich je nach ihrem Verwendungszweck ausgelegt sein müssen. Beim Anlaufkondensator wird die Hilfsphase bei etwa $^2/_3$ der synchronen Drehzahl automatisch durch den Fliehkraftschalter abgeschaltet, damit sie nicht übermäßg belastet wird. Eine dritte Art bezeichnet man mit Doppelkondensator. Hier wird wie beim Anlaufkondensator ein Teil nach

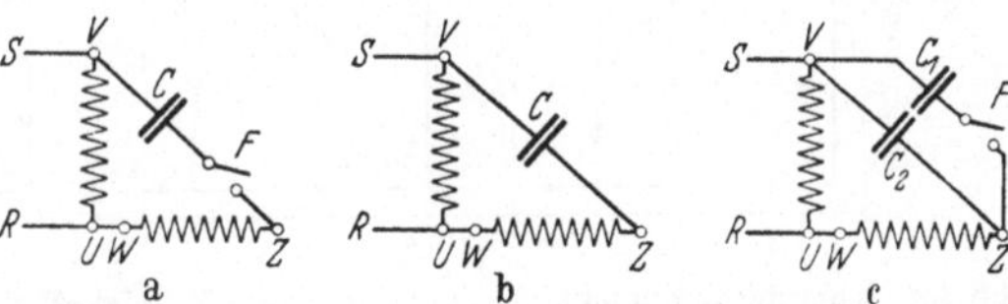

Abb. 51. Schaltung des Kondensatormotors. a mit Anlaufkondensator, b mit Betriebskondensator, c mit Doppelkondensator. R, S Netz, U. V Arbeitsphase, W. Z Hilfsphase, C, C_1, C_2 Kondensator, F Fliehkraftschalter.

erfolgtem Hochlauf durch einen im Motor eingebauten Fliehkraftschalter abgeschaltet, während der restliche Teil zusammen mit der Hilfsphase auch während des Betriebes eingeschaltet bleibt. Der Kondensator verbessert dann den Leistungsfaktor und wegen der geringen Gesamtstromaufnahme auch den Wirkungsgrad des Motors. Die Abb. 51 zeigt die Schaltung der drei beschriebenen Arten von Kondensatormotoren.

Eine zweite Art, ein künstliches Drehfeld für den Anlauf zu erzeugen, besteht darin, daß man in den Hilfsphasenkreis eine D r o s s e l s p u l e oder einen Ohmschen Widerstand einschaltet, der entweder in der Hilfsphasenwicklung selbst oder sonst außerhalb dieser angeordnet ist. Der Motor wird mit Fliehkraftschalter ausgerüstet, der nach dem Anlauf die aus wirtschaftlichen Gründen nur hierfür ausgelegte Hilfsphase abschaltet.

Die dritte Art ist der sogenannte A n w u r f m o t o r, ein Einphaseninduktionsmotor mit Käfigläufer, bei dem man auf jede besondere Vorrichtung für selbsttätigen Anlauf verzichtet hat. Ein solcher Motor stellt in seiner einfachen mechanischen Bauart praktisch keine Ansprüche an Wartung und Bedienung. Er muß entweder durch Zug am Riemen, am Schwungrad oder auf ähnliche Weise angedreht werden, worauf er dann mit eigener Kraft weiter hochläuft. Zum Anwerfen selbst ist eine geringe Kraft nötig. Vor den Motor muß natürlich ein entsprechender Schutz — am besten mit Nullspannungsauslösung — gelegt werden, der den Motor abschaltet, wenn er entweder versehentlich nach dem Einlegen des Schalters nicht rechtzeitig angedreht wird, oder wenn nach Ausbleiben der Netzspannung diese wiederkommt.

46. Drehrichtungswechsel. Die Drehrichtung wird durch Vertauschen der Klemmen e i n e r Wicklung umgekehrt, also entweder derjenigen der Hauptphase oder der der Hilfsphase.

47. Anlaufdrehmoment, Anlaufstrom, Drehzahl. Der Einphaseninduktionsmotor mit Anlaufkondensator hat, wie aus Abb. 52 Kurve 2 zu ersehen ist, ein sehr hohes Anzugsmoment, etwa 200 … 250% des Nenndrehmomentes. Der Einschaltstrom beträgt hierbei das etwa 4 … 5fache des Nennstromes. Der Leistungsfaktor im Anlauf ist verhältnismäßig gut. Deshalb sind diese Motoren für schwerste Anlaufverhältnisse geeignet. Die Abb. 52 zeigt mit Kurve 3 das Anzugsmoment eines Motors mit Betriebskondensator. Es beträgt nur etwa 25 … 50% vom Nennmomente, je nach Größe und Polzahl, während der Einschaltstrom gleich den etwa 3,5 … 4fachen des Nennstromes ist. Da der Kondensator angeschlossen ist, ergibt sich bei normaler Belastung ein sehr guter Leistungsfaktor (cos φ), und zwar etwa 0,95 … 1, wodurch eine gegebene Motorgröße höher ausgenutzt werden kann. Der Motor ist nur für Leeranlauf geeignet.

Das Anzugsmoment des Motors mit Doppelkondensator ist in Abb. 52 Kurve 4 dargestellt und stellt eine Verbindung der beiden vorher geschilderten Betriebs-

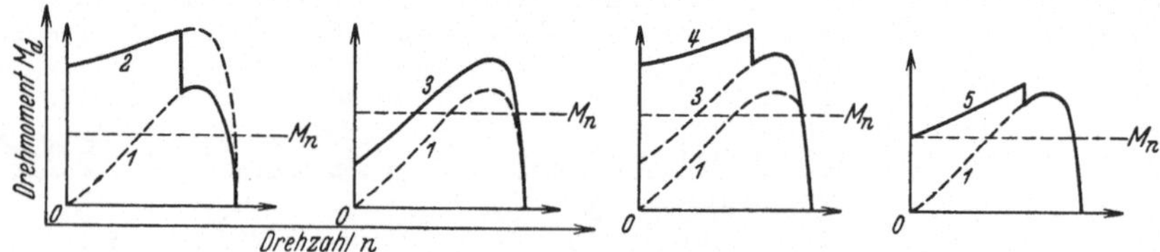

Abb. 52. Anlaufdrehmoment der verschiedenen Kondensatormotoren. *1* Anwurfmotor, *2* Motor mit Anlaufkondensator, *3* Motor mit Betriebskondensator, *4* Motor mit Doppelkondensator, *5* Motor mit Widerstand im Hilfsphasenkreis, M_n Normalmoment des Motors.

arten dar. Es beträgt etwa 130 … 150% vom Nennmoment und der Einschaltstrom das etwa 3,5 … 4,5fache des Nennstromes. Die Motoren arbeiten ebenfalls mit sehr gutem Leistungsfaktor (etwa = 1).

Die Kurve 5 zeigt das Anzugsmoment eines Motors mit Widerstand im Hilfsphasenkreis. Es beträgt etwa 60 … 100% vom Nennmoment und der Einschaltstrom etwa das 4,5 … 6,5fache des Nennstromes.

Das Anzugsmoment des Anwurfmotors ist jeweils als Vergleichskurve 1 dargestellt. Der Anlaßstrom beträgt das etwa 3,5 ... 4fache des Nennstromes. Die Einphasenmotoren arbeiten mit annähernd gleichbleibender Drehzahl zwischen Leerlauf und Vollast, sind also für den Antrieb in der Werkstatt bestens geeignet. Die Drehzahl kann allerdings nicht geregelt werden; sie ist wie bei den Drehstrommotoren von der Frequenz und der Polzahl abhängig.

48. Verwendung des normalen Drehstrommotors als Einphaseninduktionsmotor. Sie läßt sich in einfacher Weise durch Benutzung von Kondensatoren erreichen und hat dann Bedeutung, wenn für Arbeitsmaschinen, die mit Drehstrommotoren ausgerüstet sind, nur ein einphasiger Anschluß vorhanden ist. Aus der Abb. 53 ergibt sich die Schaltung eines solchen Kondensators, der, je nachdem ob der Motor in Dreieck oder Stern geschaltet ist, parallel bzw. in Reihe zu der dritten Phase der Ständerwicklung gelegt wird.

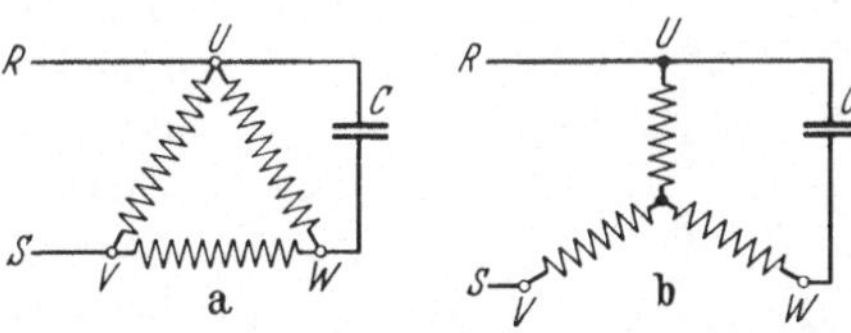

Abb. 53. Anschlußschema eines normalen Drehstrommotors als Einphaseninduktionsmotor mit Kondensator. a Motor in Dreieckschaltung, b Motor in Sternschaltung.

Beim Anschluß des Kondensators ist unbedingt darauf zu achten, daß er auf keinen Fall an zwei Klemmen gelegt wird, die mit dem Netz unmittelbar verbunden sind, da er dann durchschlägt.

B. Der Einphasen-Repulsionsmotor.

Dieser Motor ähnelt in seinem Aufbau einem Gleichstrom-Hauptschlußmotor. Er besitzt ebenfalls einen gewickelten Anker mit Kommutator, dem aber von außen kein Strom zugeführt wird. Die Bürsten sind vielmehr miteinander leitend verbunden, und der Strom, der die Zugkraft ausübt, wird im Anker durch gegenseitige Induktion mit der Ständerwicklung erzeugt.

49. Schaltung, Anlassen, Drehrichtungswechsel. Abb. 54 zeigt das Schaltbild des Repulsionsmotors mit den genormten Klemmenbezeichnungen.

Der Motor kann meist durch Parallelschalten der Wicklung am Klemmbrett im Spannungsverhältnis 2 : 1 umgeschaltet werden, falls dies irgendwie einmal notwendig sein sollte. Der Motor wird bei den kleinen Leistungen, die für Anschluß an die Lichtleitung in Betracht kommen, unmittelbar ohne Anlaßwiderstände eingeschaltet, während größere Motoren in Einphasenkraftnetzen durch Ständeranlasser eingeschaltet werden müssen. Die Drehzahl, die von der Frequenz des Netzes und der Polzahl des Motors abhängt,

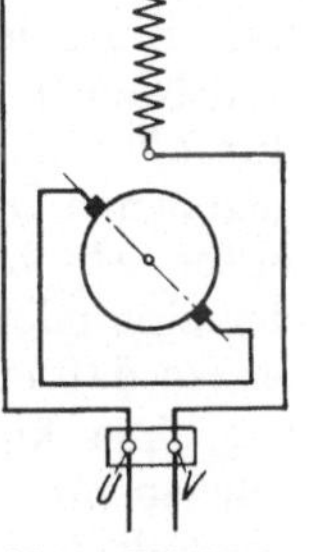

Abb. 54. Schaltung des Einphasenrepulsionsmotors.

kann durch Vorschaltwiderstände oder durch Verstellen der Bürstenbrücke um etwa 30 ... 35% — jedoch mit Rücksicht auf eine gute Kommutierung nicht darüber hinaus — herabgeregelt werden. Die Drehrichtung des Repulsionsmotors kann durch Verstellen der Bürstenbrücke geändert werden. Soll jedoch der Motor betriebsmäßig umgekehrt werden, so wird er mit einer Sonderwicklung ausgeführt, für die dann ein einfacher Hebelumschalter ausreicht.

50. Anlaufmoment, Anlaufstrom, Drehzahl. Wie aus Abb. 55 hervorgeht, hat der Einphasen-Repulsionsmotor ein hohes Anzugsmoment (M_d für $n = o$), und zwar bis 250% vom Nennmoment. Der Anlaufstrom beträgt bei unmittelbarer Einschaltung nur das etwa 2,5 ... 3fache des Nennstromes. Die Drehzahl ist von der Belastung abhängig und nimmt bei steigender Last stark ab, während der Motor bei Entlastung

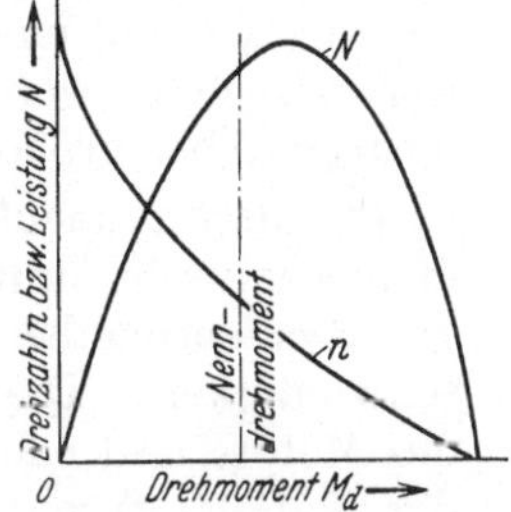

Abb. 55. Leistungs- und Drehzahlverlauf bei einem Einpasenrepulsionsmotor.

das Bestreben hat, durchzugehen. Aus diesem Grunde ist der Repulsionsmotor für den Antrieb von Werkzeugmaschinen nicht geeignet.

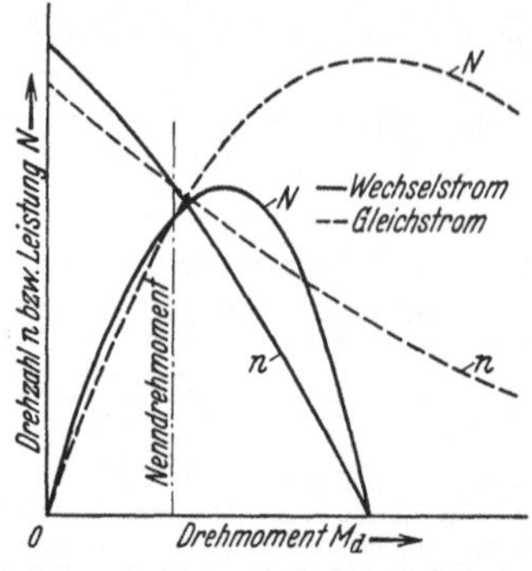

Abb. 56. Leistungs- und Drehzahlverlauf bei einem Universalmotor.

V. Der Universalmotor.

Der Vollständigkeit halber sei noch der Universalmotor erwähnt. Er kann wahlweise an Gleich- und Wechselstrom (bei Drehstrom an 2 Leitungen) angeschlossen werden. Er ist also wohl hinsichtlich der Stromart universal, jedoch nicht bezüglich der Spannung. Da der Universalmotor eine Hauptstromcharakteristik hat, also seine Drehzahl von der Belastung abhängt und er bei völliger Entlastung zum Durchgehen neigt, kommt er in der Werkstatt nur für Elektrowerkzeuge, wie Handbohrmaschinen, Schrauber usw., in Betracht. Er wird nur für kleine Leistungen bis etwa $^1/_2$ PS gebaut. Abb. 56 zeigt u. a., daß die Drehzahlen nur bei der Normallast bei Gleich- und Wechselstrom annähernd gleich sind.

VI. Der Elektromotor als Kraftmaschine.

A. Die Energieverhältnisse.

51. Leistung. Für den Motor in der Werkstatt kommt mit wenigen Ausnahmen Dauerbetrieb (DB) in Betracht, für den er normalerweise auch ausgelegt ist. Ein solcher Motor kann die angegebene Leistung ununterbrochen im Tag- und Nachtbetrieb abgeben, ohne daß die Temperatur im Innern der Maschine die durch die REM („Regeln für Bewertung und Prüfung von elektrischen Maschinen") gegebenen Grenzen überschreitet. Diese und die zulässigen Überlastungen werden unter Abschnitt 54 noch näher angegeben. Mitunter wird es vorkommen, daß der eine oder andere Motor immer nur kurze Zeit eingeschaltet oder voll belastet ist, so daß er genügend Zeit hat, sich wieder abzukühlen. In solchen Fällen kann aus einer kleineren Motorgröße eine höhere Leistung herausgeholt werden. Ein solcher Motor wird dann mit der Bezeichnung „DAB" (Dauerbetrieb bei aussetzender Belastung) und „%ED" (relative Einschaltdauer) abgestempelt. Diese errechnet sich aus: $\%\,\mathrm{ED} = \dfrac{\text{Einschaltzeit}}{\text{Einschaltzeit u. Ruhepause}} \cdot 100$. Nach den REM unterscheidet man 15, 25 und 40% ED. Um ungefähr ein Maß für den möglichen Aufschlag auf die für Dauerbetrieb normale Leistung des gewählten kleineren Motors zu haben, sei gesagt, daß bei 15% ED mit einer Leistungssteigerung von etwa 40%, bei 25% ED mit einer solchen von etwa 30% und bei 40% ED mit 20% als Mittelwert gerechnet werden kann. Bei kleineren Motoren liegen die Aufschläge etwas niedriger, bei größeren ein wenig höher.

52. Drehmoment. Die dem Motor zugeführte elektrische Arbeit wird in ihm in mechanische umgewandelt. Die Leistung des Motors äußert sich am Umfang der Riemenscheibe, oder am Ritzel oder an der Kupplung als Zugkraft und Geschwindigkeit. Die Größe dieser Zugkraft ist je nach Leistung und Drehzahl des Motors und nach dem Durchmesser der Riemenscheibe (bzw. des Ritzels oder der Kupplung) verschieden, aber das Produkt aus Zugkraft und Halbmesser hat für jeden Motor bei Vollast einen bestimmten Wert und ist das Nenndrehmoment (M_d). Nach Abb. 57 ist $M_d = P \cdot r$ mkg ($P =$ Zugkraft in kg, $r =$ Halbmesser der Scheibe in m). Die Leistung beträgt dann mit der Drehzahl n in U/min:

$$N = \frac{P \cdot 2r \cdot \pi \cdot n}{60 \cdot 75} = \frac{M_d \cdot n}{716} \text{ PS.}$$

Um bei gegebener Motorleistung und Drehzahl sofort das normale Drehmoment, das Nenndrehmoment (Nennmoment) des Motors, ablesen zu können, sind in nachstehender Tabelle die Nenndrehmomente für die am meisten verwandten Motoren nach der Formel

$$M_d = 716 \cdot \frac{N}{n} \text{ mkg}$$

angegeben.

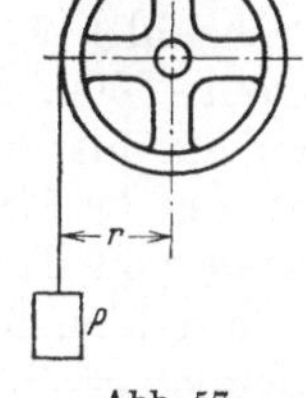

Abb. 57.
$M_d = P \cdot r$ mkg.

Nenndrehmoment der Motoren in mkg bei einer normalen Leistung von 1...10 PS.

U/min	1 PS	2 PS	3 PS	4 PS	5 PS	6 PS	7 PS	8 PS	9 PS	10 PS
500	1,43	2,9	4,3	5,7	7,2	8,6	10,0	11,5	12,9	14,3
600	1,19	2,4	3,6	4,8	6,0	7,1	8,3	9,5	10,7	11,9
750	0,95	1,9	2,9	3,8	4,8	5,7	6,7	7,6	8,6	9,5
1000	0,72	1,4	2,2	2,9	3,6	4,3	5,0	5,7	6,4	7,2
1200	0,6	1,2	1,8	2,4	3,0	3,6	4,2	4,8	5,4	6,0
1500	0,48	1,0	1,4	1,9	2,4	2,9	3,3	3,8	4,3	4,8
2000	0,36	0,7	1,1	1,4	1,8	2,2	2,5	2,9	3,2	3,6
3000	0,24	0,5	0,7	1,0	1,2	1,4	1,7	1,9	2,2	2,4

Außer dem Nenndrehmoment ist noch das Anlaufmoment von Wichtigkeit, das der Motor aufbringen muß, um die betreffende Arbeitsmaschine in Bewegung zu setzen. Kommt Leer- oder Halblastanlauf in Betracht, so kann es kleiner als das Nennmoment sein. Ist dagegen Vollastanlauf Bedingung, so muß das Anlaufmoment größer als das Nennmoment sein.

Schließlich spielt noch das größte Drehmoment, das „Kippmoment", das der Motor äußerst abzugeben in der Lage ist, eine Rolle. Seine Bezeichnung rührt daher, daß der Drehstrom-Asynchronmotor kippt, d. h. zum Stillstand kommt, sobald er über das höchstmögliche Moment hinaus belastet wird (vgl. Abschn. 22).

53. Motordrehzahl. Während der Gleichstrommotor in bestimmten Grenzen, die entweder mechanischer oder elektrischer Natur sein können, mit jeder beliebigen Drehzahl ausgeführt werden kann, ist das beim Drehstrommotor nicht möglich. Hier ergibt sich die Drehzahl n unabhängig von der Größe des Motors und der Spannung zwangläufig aus der Frequenz f des verfügbaren Drehstromes in Hertz (Perioden/s) und der Polzahl p des betreffenden Motors nach der Formel:

$$n = \frac{f \cdot 120}{p} \text{ U/min.}$$

Da die kleinste Polzahl 2 und die Frequenz in Deutschland allgemein 50 Hz beträgt, ergibt sich als höchste Drehzahl 3000 theor. U/min. In der nebenstehenden Tabelle sind die möglichen theoretischen Drehzahlen, soweit sie für die Werkstatt in Betracht kommen, angegeben.

Die tatsächlichen Nenndrehzahlen liegen um den Betrag des Schlupfes, der bei Nennlast etwa 3...7% ausmacht und von der Größe sowie Bauart des Motors und schließlich von der Last abhängt, darunter. Um eine Übereinstimmung bei Dreh-

Polzahl	Drehzahl
2	3000
4	1500
6	1000
8	750
10	600
12	500
usw.	

und Gleichstrom zu erhalten, wurden die Leerlaufdrehzahlen der Gleichstrom-motoren (DIN VDE 2000) den synchronen obengenannten Drehzahlen der Dreh-strommotoren angepaßt und zur Überbrückung einzelner großen Abstände die Drehzahlen 1200 und 2000 U/min eingeschoben. Somit ergeben sich bei Gleich-strom: 3000, 2000, 1500, 1200, 1000, 750, 600, 500 U/min usw. Die Vollastdreh-zahlen, mit denen man allgemein zu rechnen hat, liegen auch hier etwas unter den Leerlaufdrehzahlen und sind wieder von der Größe und Type des Motors und ferner von der Last selbst abhängig.

Für kleinere als die oben angegebenen Drehzahlen werden die Motoren schon reichlich groß, da die wirksame Belüftung durch den umlaufenden Teil nicht mehr die Rolle wie bei den schnellaufenden Motoren spielt. Es wird sich daher in den weitaus meisten Fällen emp-fehlen, einen Motor mit hoher Drehzahl (1500 bzw. 3000 U/min) in Verbindung mit einem unmittelbar an-gebauten Getriebe zu verwenden oder den Motor selbst unmittelbar an ein Getriebe anzubauen, zumal dadurch auch die Kosten verringert werden. In Abb. 58 ist eine derartige Ausführung dargestellt.

Abb. 58. Flanschmotorgetriebe.

54. Überlastung. Der Motor kann während des nor-malen Betriebes nach den REM so überlastet werden, daß eine für Dauerbetrieb ausgelegte Maschine im betriebswarmen Zustand wäh-rend zweier Minuten den 1,5fachen Nennstrom und stoßweise den doppelten Nenn-strom bei der Nennspannung aushalten muß. Hierbei darf eine Beschädigung oder bleibende Formveränderung nicht eintreten.

Es sei hier etwas näher auf die Betriebstemperatur des Motors ein-gegangen, da von ihr — außer von Drehmoment und Drehzahl — seine Leistungs-fähigkeit abhängt: Die Temperaturzunahme des Motors wird nach den REM bei normaler Belastung und Dauerbetrieb gemessen, wenn die Temperatur einen an-nähernd gleichbleibenden Höchstwert erreicht hat, jedoch spätestens nach acht-stündigem Betrieb, und bei kurzzeitigem Betrieb nach Ablauf der auf dem Lei-stungsschild angegebenen Betriebszeit bzw. dem Betriebszeitabschnitt, wenn die Maschine vom kalten Zustande aus (Temperatur der Umgebung) belastet wurde.

Da verschiedene Teile des Motors die höchstzulässige Temperatur auch dann annehmen oder wenigstens ihr sehr nahe kommen, wenn der Motor unbelastet oder mit geringerer Last läuft, so darf daraus nicht auf ungenügende Abmessungen oder auf einen Fehler innerhalb des Motors geschlossen werden.

Die Temperaturen der mit Gleichstrom erregten Feldspulen und aller ruhenden Wicklungen werden aus der Widerstandszunahme bestimmt. Sie können aber auch ebenso wie die Temperaturen aller anderen Maschinenteile unmittelbar mit dem Thermometer gemessen werden, das an denjenigen Stellen angelegt wird, an denen voraussichtlich die höchsten Temperaturen auftreten. Um möglichst genau zu messen, wird die Kugel des Thermometers mit Stanniol umhüllt, das sich möglichst dicht dem Maschinenteil anschmiegen muß, dessen Temperatur gemessen werden soll. Thermometer und Maschinenteile werden dann gemeinsam mit einem schlechten Wärmeleiter (trockener Putzwolle, Watte und dergl.) überdeckt, um Wärmeverluste zu vermeiden. Außerdem muß das Thermometer so befestigt werden, daß es sich während des Betriebes nicht aus seiner Lage verschieben kann.

Bei diesen Messungen dürfen sich nebenstehenden Höchstwerte ergeben.

Die Grenzwerte für die Temperaturen dürfen nicht überschritten werden. Sie sind unter der Voraussetzung aufgestellt, daß die Temperatur der Umgebung 35° nicht überschreitet. Als Temperatur der Umgebung gilt der Mittelwert der

Höchstzulässige Grenzwerte von Temperatur und Erwärmung elektrischer Maschinen.
(Nach den Regeln für die Bewertung und Prüfung von elektrischen Maschinen [REM] vom 1. Januar 1933.)

	Isolierstoff	Baumwolle, Seide, Papier und ähnliche Faserstoffe						Lackdraht				Glimmer und Asbestpräparate und ähnliche mineralische Stoffe		Glimmer	Porzellan, Glas, Quarz und ähnliche feuerfeste Stoffe	unisoliert
	Behandlung	ungetränkt und nicht unter Öl		getränkt		in Füllmasse oder unter Öl		—		in Füllmasse oder unter Öl		mit Bindemittel		ohne Bindemittel	—	—
		Grenzerwärmung*	Grenztemperatur	Grenzerwärmung*	Grenztemperatur	Grenzerwärmung*	Grenztemperatur	Grenzerwärmung*	Grenztemperatur	Grenzerwärmung*	Grenztemperatur	Grenzerwärmung*	Grenztemperatur	in ° C		
Wicklungen mit Isolierung	In Nuten gebettete Wechselstromständerwicklungen	40	75	50	85	60	95	50	85	60	95	80	115	Nur beschränkt durch den Einfluß auf die benachbarten Isolierteile		—
	Einlagige Feldwicklungen, ebenso zweilagige Feldwicklungen in Volltrommelläufern	60	95	70	105	70	105	70	105	70	105	90	125			—
	Dauernd kurzgeschlossene Wicklungen	55	90	65	100	65	100	65	100	65	100	85	120			—
	Alle anderen Wicklungen	50	85	60	95	60	95	60	95	60	95	80	115			—

		Grenzerwärmung bei ° C *	Grenztemperatur in ° C
Maschinenteile unisoliert	Kommutatoren und Schleifringe	60	95
	Lager	45	80
	Eisenkerne mit eingebetteten Wicklungen	Wie die Wicklungen	
	Eisenkerne ohne eingebettete Wicklungen	Nur beschränkt durch den Einfluß auf benachbarte Isolierteile	
	Alle anderen Teile		

Meßverfahren	
Alle Wicklungen mit Ausnahme der dauernd kurzgeschlossenen	Widerstandszunahme und Thermometermessung
Dauernd kurzgeschlossene Wicklungen sowie alle anderen Teile	Thermometermessung

* D. h. Temperaturerhöhung über das kühlende Mittel, z. B. die umgebende Luft.

Luft in Höhe der Maschinenmitte und in etwa 1 m Entfernung von der Maschine.

Die Thermometer dürfen während der Messung weder Luftströmungen noch Wärmestrahlung ausgesetzt scin.

55. Stromverbrauch. Es ist in manchen Fällen erwünscht, ein angenähertes Bild über den Stromverbrauch der Motoren zu haben. Aus diesem Grunde sind in der nachstehenden Tabelle die ungefähren Stromstärken in Ampere zusammengestellt, die bei Vollast für ein PS benötigt werden.

Ungefährer Stromverbrauch in A für ein PS bei Vollast.

Motorleistung in PS	Gleichstrom			Drehstrom			
	110 V	220 V	440 V	125 V	220 V	380 V	500 V
1	8,9	4,45	2,3	5,16	2,94	1,69	1,3
2	8,8	4,4	2,2	5,09	2,88	1,67	1,27
3 ... 5	8,5	4,25	2,13	4,86	2,76	1,61	1,23
6 ... 25	8,3	4,1	2,08	4,8	2,7	1,58	1,2
26 ... 50	7,9	3,95	1,98	4,46	2,54	1,46	1,1
51 ... 75	—	3,83	1,92	4,38	2,49	1,44	1,09
76 ... 100	—	3,78	1,89	4,29	2,44	1,4	1,07
im Mittel	8,5	4,1	2,1	4,7	2,7	1,55	1,2

B. Die Ausführungsformen des Motors.

Es werden verschiedene Formen gebaut, um nach Möglichkeit allen Anforderungen gerecht zu werden.

56. Motor mit Fuß. Abb. 59 I zeigt für die gebräuchlichste Form B 3 die verschiedenen Anbaumöglichkeiten: B 6, B 7, B 8, V 5, V 6. Der Klemmenkasten sitzt normalerweise immer auf der rechten Seite des Motors, wenn man auf die Antriebsseite des Motors blickt. Er kann aber auf Wunsch auch an einer anderen Stelle angebracht werden.

57. Motor mit Flanschlagerschild auf der Antriebsseite (Flanschmotor). Nach Abb. 59 II unterscheidet man die Formen B 5, V 1, V 2, V 3, V 4 und für Kleinstmotoren bis etwa 1,5 PS noch B 14, V 18 und V 19. Die Flansch- und Wellenstumpfabmessungen sind ebenfalls genormt und in DIN VDE 2941 zusammengestellt. Maßgebend war hierbei der Faktor $\frac{W}{n}$ also Leistung (gemessen in W bzw. kW) durch Drehzahl. Die Formen B 5, V 1 und V 3, sowie B 14, V 18 und V 19 kommen in Betracht, wenn der Motor als geschlossenes Ganzes gewünscht und Motoren verschiedener Firmen verwendet werden sollen, ohne daß irgendwelche Veränderungen an der Anflanschfläche der Werkzeugmaschine vorgenommen werden.

58. Motor ohne antriebsseitigen Lagerschild, ohne Fuß (Flanschmotor). Die Formen B 9, V 8 und V 9 der Abb. 59 III ermöglichen eine besonders innige Verschmelzung mit der Werkzeugmaschine. Da der Motor auf der Antriebsseite noch gelagert werden muß, besteht ohne weiteres die Möglichkeit, diese Lager für axialen Schub auszubilden, falls z. B. ein Ritzel mit Schrägverzahnung oder eine Schnecke für den Weitertrieb verwendet wird. Bei dieser Motorausführung ist beim Anbau auf eine richtige Führung der Kühlluft für den Motor besonders zu achten, da hiervon das einwandfreie Arbeiten des Motors abhängt.

59. Motor mit Gehäusezwischenflansch (Flanschmotor). Je nach der Anordnung des Flanschringes und seiner Zentrierung zum Motorwellenstumpf sowie waagerechter oder senkrechter Lage unterscheidet man in Abb. 59 IV die Formen B 10 ... B 13 und V 10 ... V 17.

60. Einbaumotor. Hierunter versteht man eine Ausführung, bei der unter weitestgehender Ausschaltung mechanischer Zwischenglieder der Läufer oder Anker des Motors unmittelbar auf die Maschinenspindel gesetzt wird. Je nach dem Einbau unterscheidet man:

Einbaumotor ohne Gehäuse, bestehend nur aus Ständer- (Stator-) und Läufer- (Rotor-) Blechpaket (Abb. 60).

Einbaumotor mit Ständergehäuse ohne Welle, ohne Lagerschilde, ohne Fuß (Abb. 61).

Da die richtige Belüftung des Motors maßgebend für ein einwandfreies Arbeiten ist, sei ganz besonders auf die Einbauvorschriften der Elektrofirmen hingewiesen (Wickelkopfkühlung, Durchzugsbelüftung, Außenbelüftung bei geschlossenem Einbau). Die Einbaumotoren werden hauptsächlich als Drehstrom-Käfigläufermotoren gebaut, weil bei diesen der Läufer im Aufbau äußerst einfach gehalten ist und weder Schleifringe noch sonstige blanke, spannungs-

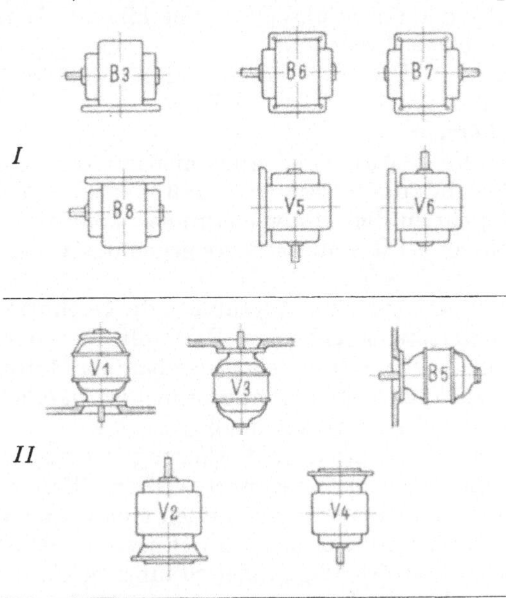

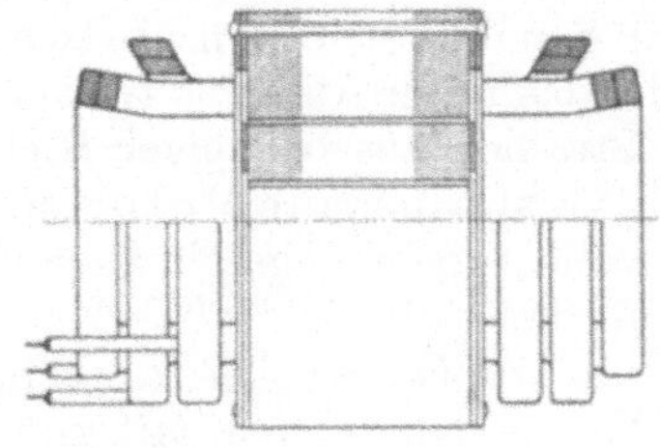

Abb. 60. Einbaumotor ohne Gehäuse, nur Ständer- und Läuferblechpaket.

führende Teile vorhanden sind. Bei Einbaumotoren mit gewickeltem Läufer kann erst nach dem Aufziehen der umlaufenden Teile auf

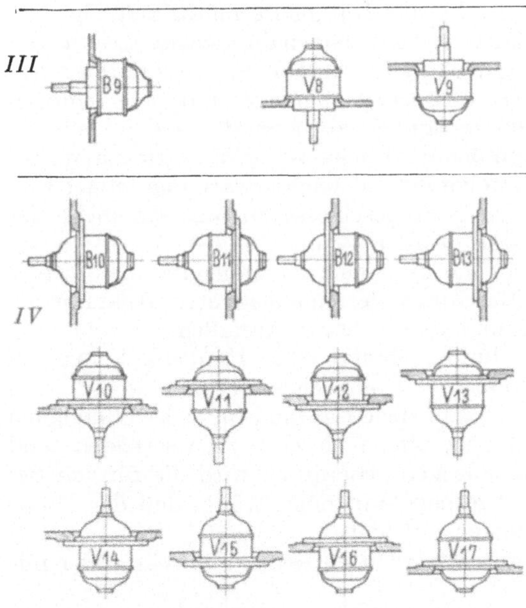

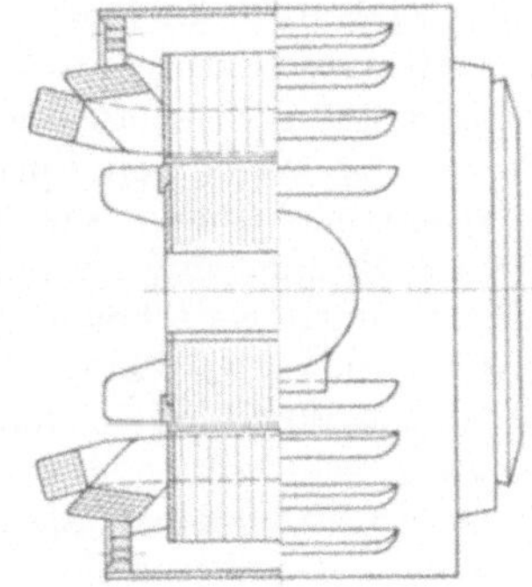

Abb. 61. Einbaumotor mit Ständergehäuse.

die Arbeitswelle der Läufer gewickelt werden.

Normalerweise werden die Motoren nur mit einem freien Wellenende ausgeführt, das für ein höchstzulässiges Dreh- und Biegungsmoment ausgelegt ist. Der Durchmesser entspricht entweder der DIN-Einheitsbohrung Haftsitz oder der DIN-Einheitswelle Feinpassung. Die Nut

Abb. 59. Ausführungsformen des Motors: *I* mit Fuß, *II* mit Flanschlagerschild, *III* ohne antriebseitigen Lagerschild, ohne Fuß, *IV* mit Gehäusezwischenflansch.

wird wohl allgemein nach DIN 269 ausgeführt.

61. Schutzarten des Motors. Je nach dem Aufstellungsort und Verwendungszweck sind verschiedene Motorschutzarten entwickelt, um überall einen einwandfreien Betrieb gewährleisten zu können. Nach VDE 0530/1930 REM §19 unterscheidet man:

a) Offene Motoren. Bei diesen ist die Zugänglichkeit der stromführenden und inneren umlaufenden Teile nicht wesentlich erschwert.

b) Geschützte Motoren. Im Gegensatz zu den offenen Motoren ist hier die zufällige oder fahrlässige Berührung der stromführenden und inneren Teile sowie das Eindringen von Fremdkörpern erschwert.

c) Tropfwassergeschützte Motoren. Für diese Maschinen gilt das unter b Gesagte, es kommt jedoch dazu, daß senkrecht fallende Wassertropfen nicht in das Innere des Motors eindringen können.

d) Spritz- und schwallwassersichere Motoren. Auch hier gilt zunächst wieder das unter Absatz b Gesagte, jedoch mit der Erweiterung, daß Wassertropfen und Strahlen aus beliebiger Richtung nicht in den Motor eindringen können.

e) Geschlossene Motoren. Bei diesen ist das Motorinnere gegen die Außenluft vollkommen abgeschlossen.

Für den Motor in der Werkstatt ist mit ganz geringen Ausnahmen die geschützte und die tropfwassersichere Ausführung am zweckmäßigsten. Das gilt besonders für Werkzeugmaschinen mit unmittelbar angeflanschtem oder angebautem Motor, da bei ihnen der Motor sehr oft an leicht zugänglicher Stelle angeordnet ist, nämlich immer dort, wo in organischer Weise der Anbau am zweckmäßigsten ist.

In solchen Fällen muß eine zufällige oder fahrlässige Berührung der stromführenden und umlaufenden inneren Teile möglichst erschwert werden. Besteht dann ferner noch die Gefahr, daß Kühlwasser, Öl oder Späne in den Motor hineingelangen können, so ist die tropfwassersichere Ausführung am richtigsten. Selbst in Holzbearbeitungsbetrieben mit ihrer verhältnismäßig großen Staubentwicklung ist gemäß VDE 0100 § 34 ein offener Drehstrom-Käfigläufermotor zulässig.

Die geschützten und tropfwassersicheren Motoren haben die gleichen Leistungen wie die offenen. Die spritz- und schwallwassersicheren Motoren sind dort zu verwenden, wo die Maschinen Spritzwasser ausgesetzt sind oder mit den angetriebenen Arbeitsmaschinen aus Reinigungsgründen abgespritzt werden müssen. Für feuchte Räume sind diese Motoren den ganz gekapselten vorzuziehen, da bei ihnen die eingedrungene Feuchtigkeit infolge ihrer Betriebserwärmung immer wieder verdunsten kann, während das bei ganz geschlossenen Motoren nicht der Fall ist, deren Wicklung deshalb zerstört werden kann.

Die ganz geschlossenen Motoren haben nur in sehr staubhaltigen Räumen Zweck. Jedoch ist zu bedenken, daß diese Maschinen der ungünstigeren Abkühlungsverhältnisse wegen wesentlich größer und damit teurer ausfallen, obwohl man bestrebt ist, die Kühlung des Motors durch „Mantel- oder Haubenkühlung" zu erhöhen und damit die Abmessungen so klein wie möglich zu halten.

Es ist durchaus unzulässig, für Räume, in denen an und für sich vollkommen geschlossene Motoren in Betracht kommen, offene Motoren zu verwenden, und diese durch kistenähnliche Gehäuse abzudecken. Hierdurch wird die für den Betrieb unbedingt notwendige Kühlluft abgesperrt mit dem Erfolg, daß der Motor unzulässig heiß wird und dadurch Schaden erleidet.

62. Die Lager des Motors. Die Motoren werden entweder mit Wälz- oder mit Gleitlagern ausgeführt.

Der Vorteil der Wälzlager, die man fast allgemein bei den kleinen und mittleren Motorgrößen als Hochschulterkugellager (auch Radiaxlager genannt) ausführt, besteht zunächst darin, daß ihr Reibungswiderstand viel kleiner als der der Gleitlager ist. Ein Motor mit Wälzlagern kann ferner in jeder beliebigen Lage angeordnet werden, ohne daß die Lagerschilde irgendwie verdreht zu werden brauchen. Es ist auch ohne weiteres möglich, einen solchen Motor mit senkrechter Welle laufen zu lassen. Hierbei ist aber zu beachten, daß außer dem Gewicht einer Kupplungshälfte, einer Riemenscheibe oder eines Ritzels eine zusätzliche Beanspruchung auf die Lager nicht kommen darf; aber schließlich hängt diese axiale Belastungsfähigkeit von den verwendeten Lagern ab, so daß es sich empfiehlt, in solchen Fällen bei der Motorenfirma rückzufragen. Für die Wälzlager spricht ferner ihre geringe Baulänge, die in vielen Fällen von größter Wichtigkeit ist. Weiterhin können sie mit Fett geschmiert werden, so daß nicht nur die Schmiermittelkosten geringer werden, sondern auch die Lohnkosten; denn es ist nur in größeren Zeiträumen eine Wartung nötig.

Nicht zuletzt erhöht sich auch die Betriebssicherheit der Motoren, da ein häufiges Schmieren und Ölen wegen der damit verbundenen Verschmutzungsgefahr von Nachteil sein kann. Meist genügt die Schmierung der Motoren im Lieferwerk für mindestens 8 ... 10 000 Betriebsstunden. Der Fettraum darf nur bis zur Hälfte gefüllt sein bzw. nur bis zur Mitte der untersten Kugel stehen, da sonst eine unzulässige Erwärmung eintritt. Die Dichtungsringe aus Filz müssen in Ordnung und ebenso wie der von ihnen eingeschlossene Wellenteil gut eingefettet sein, damit kein Staub eindringen kann. Beim Reinigen und Auswechseln der Lager ist auf peinlichste Sauberkeit und sanfte Behandlung zu achten. Werden die Lager besonders hoch beansprucht, so ist es angebracht, sie einige Tage nach dem Einbau (Verkanten vermeiden!) kräftig mit Benzin, Benzol oder Petroleum durchzuspülen und dann wieder mit frischem Fett zu füllen. Hierdurch wird vermieden, daß etwa sich noch im Lager befindliche Schmutzteilchen die Laufbahnen und -kugeln angreifen. Ein weiterer Vorteil der Wälzlager besteht darin, daß das axiale und besonders das radiale Spiel unveränderlich ist, da die Wälzlager im Betrieb praktisch keinerlei Abnützung zeigen. Das ist für die Drehstrommotoren von großer Wichtigkeit, weil bei ihnen im Interesse eines guten $\cos \varphi$ und Wirkungsgrades der Luftspalt zwischen Läufer und Ständer möglichst klein sein soll, aber doch keine Gefahr bestehen darf, daß der Läufer durch Abnützung der Lager am Ständer schleift.

Beim Aufziehen von Riemenscheiben, Ritzel oder Kupplungen ist unbedingt darauf zu achten, daß keine groben Stöße und Schläge auf das Wälzlager kommen.

Für besonders genauen Lauf kommen Wälzlager mit erhöhter Laufgenauigkeit in Betracht, bei denen der Seitenschlag auf ein möglichst geringes Maß vermindert ist und deren Rillen mit größter Genauigkeit bearbeitet sind.

Die Wälzlagermotoren sind je nach der Leistung und den auftretenden Lagerdrücken entweder beiderseitig mit Kugellagern, oder auf der Antriebsseite mit Rollen- und auf der anderen Seite mit Kugellagern, oder aber beiderseitig mit Rollenlagern ausgerüstet.

Die Gleitlager, die wohl allgemein mit Ringschmierung ausgeführt werden, bewähren sich überall dort sehr gut, wo es auf geräuschlosen Betrieb ankommt oder wo ein besonders ruhiger, erschütterungsfreier Lauf gefordert wird. Bei sachgemäßer Montage und richtiger Wartung stellen sie bei hoher Betriebssicherheit ein widerstandsfähiges und nicht sehr empfindliches Lager dar. Wichtig ist, daß die Ölringe im Betrieb nicht klemmen, und daß das Lager vor Erneuerung des Öles gründlich mit Petroleum ausgewaschen wird und die Lagerschalen, falls erforderlich, etwas nachgeschabt werden. Gleitlager sind beschränkt auf Motoren mit waagerecht liegender Welle. Sollen die Motoren an der Wand oder an der Decke hängend befestigt werden, so ist immer zu beachten, daß die Lagerschilde entsprechend gedreht werden, um die Einfüllöffnung nach oben zu bekommen. Da die zulässige Lagerabnutzung nur wenige zehntel Millimeter beträgt, ist es angebracht, sie von Zeit zu Zeit durch Prüfung des Luftspaltes zwischen dem Läufer und Ständer bei Drehstrom- und zwischen dem Anker und den Polen bei Gleichstrommotoren festzustellen. Es ist besser, rechtzeitig ein abgenutztes Gleitlager auszuwechseln, als sich der Gefahr auszusetzen, daß die umlaufenden Teile an den feststehenden Teilen streifen und dadurch die Wicklung beschädigen.

Kleine Motoren erhalten meist Öldochtschmierung, bei der der reichlich getränkte Schmierdocht die Welle gut berühren muß.

Schließlich sei noch auf die verkürzten Gleitlager hingewiesen, deren Raumbedarf gleich dem der Wälzlager ist. Sie werden durch Öldocht, Öldochtraum und Ölsumpf geschmiert.

Fett und Öl müssen sauber (frei von Spänen, Schmirgel und Staub) sowie säurefrei sein und dürfen nicht verharzen oder ranzig werden. Die geeignetste Sorte wird durchweg von der Motorenfirma angegeben. Für Kugellager darf auf keinen Fall Staufferfett verwendet werden[1].

VII. Die Leitungen.

Die richtige Bemessung, zweckmäßige Ausführung sowie vorschriftsmäßige Verlegung der Leitungen in der Werkstatt ist für die Betriebssicherheit und Wirtschaftlichkeit der elektrischen Anlage von so großer Bedeutung, daß kurz auch hierauf eingegangen werden soll.

A. Belastungstabellen.

Für einen bestimmten Leitungsquerschnitt ist mit Rücksicht darauf, daß keine schädliche Erwärmung auftritt, immer nur eine bestimmte Stromstärke zulässig, die nach oben nicht überschritten werden darf. Die für isolierte Kupferleitungen und Kupferkabel — der normalerweise in der Werkstatt verwandte Baustoff — maßgebenden Werte sind in den nachstehenden 2 Tabellen zusammengestellt.

Belastungstabelle für isolierte Kupferleitungen
(VDE 0100/1930 § 20).

Querschnitt	Dauerbetrieb		Aussetzend. Betrieb	Querschnitt	Dauerbetrieb		Aussetzend. Betrieb
	Höchstzul. Stromstärke	Nennstrom für entspr. Schmelzsicherung.	Höchstzul. Stromstärke		Höchstzul. Stromstärke	Nennstrom für entspr. Schmelzsicherung.	Höchstzul. Stromstärke
mm²	A	A	A	mm²	A	A	A
1	11	6	11	95	240	200	335
1,5	14	10	14	120	280	225	400
2,5	20	15	20	150	325	260	460
4	25	20	25	185	380	300	530
6	31	25	31	240	450	350	630
10	43	35	60	300	525	430	730
16	75	60	105	400	640	500	900
25	100	80	140	500	760	600	—
35	125	100	175	625	880	700	—
50	160	125	225	800	1050	850	—
70	200	160	280	1000	1250	1000	—

Ist bei den einzelnen Motoren, die an das betreffende Kabel angeschlossen werden sollen, nur die Leistung aber nicht der Strom bekannt, so kann dieser an Hand der Tabelle in Abschn. 55 für die benötigten Leistungen festgestellt werden.

---

[1] Näheres s. Heft 48: Öl im Betrieb.

Tabelle der höchsten, dauernd zulässigen Stromstärken in Ampere
für im Erdboden verlegte Kupferkabel
(VDE 0255/1928 § 12).

Quer-schnitt mm²	Einleiter bis 1 kV	Zweileiter, verseilt, bis 1 kV	Dreileiter, verseilt, bis					Vierleiter, verseilt, bis 1 kV
			1 kV	3 kV	6 kV	10 kV	15 kV	
1,5	31	25	22	—	—	—	—	20
2,5	41	34	30	29	—	—	—	26
4	55	44	38	37	—	—	—	35
6	70	55	49	47	—	—	—	45
10	95	75	67	65	62	60	—	60
16	130	100	90	85	82	80	—	80
25	170	130	113	110	107	105	100	105
35	210	155	138	135	132	125	120	125
50	260	195	170	165	162	155	145	155
70	320	235	206	200	196	190	180	190
95	385	280	246	240	235	225	215	225
120	450	320	285	275	270	260	250	255
150	510	365	325	315	308	300	285	295
185	575	410	370	360	350	340	325	335
240	670	475	430	420	410	400	385	390
300	760	535	485	475	465	455	440	435
400	910	640	580	570	—	—	—	—
500	1035	—	—	—	—	—	—	—
625	1190	—	—	—	—	—	—	—
800	1380	—	—	—	—	—	—	—
1000	1585	—	—	—	—	—	—	—

Werden die Kabel im Raum, also in Luft, verlegt, so ist es empfehlenswert, mit nur 75% der vorstehenden Tabellenwerte zu rechnen. Wird in Kanälen oder in Rohren verlegt, so sind die Werte um weitere 10% zu vermindern. Bei Anhäufung in Kanälen oder Rohrblöcken sind außerdem die für Verlegung in Erde gegebenen nachstehend aufgeführten Verminderungen vorzunehmen.

Den in der Tabelle genannten Belastungszahlen für die im Erdboden verlegten Kupferkabel ist eine Leiterübertemperatur von 25° und die übliche Verlegungstiefe von 70 cm in Erde zugrunde gelegt. Befinden sich mehrere Kabel in demselben Graben in einem besonders zu berücksichtigenden Abstand nebeneinander, so vermindern sich die Werte der Tabelle für 2 Kabel auf 90%, für 4 auf 80%, für 6 auf 75% und 8 auf 70%. Sobald sich in demselben Graben mehrere Lagen von Kabeln übereinander befinden, werden die Verhältnisse noch ungünstiger.

B. Die Kontrollrechnung.

Die elektrischen Leitungen müssen nicht nur mit Rücksicht auf Erwärmung und Festigkeit berechnet, sondern auch so bemessen sein, daß die angeschlossenen Motoren und Apparate, besonders wenn sie weit von der Netzzuleitung entfernt sind, eine ausreichende Spannung erhalten. Denn in den Leitungen entsteht beim Stromdurchgang ein Spannungsverlust, der um so größer ist, je kleiner der Leitungsquerschnitt ist. Aus diesem Grunde ist eine Kontrollrechnung durchzuführen und der Spannungsabfall in den Leitungen nach den in der Tabelle angegebenen Formeln zu ermitteln. Diese Rechnung erübrigt sich bei kurzen Leitungslängen an den Werkzeugmaschinen. Der Spannungsabfall darf bei Lichtanlagen 4% und bei Kraftanlagen 6% nicht überschreiten. Zweckmäßigerweise wird er in Volt umgerechnet, so daß z. B. 6% Spannungsabfall bei 220 Volt 13,2 Volt entsprechen. Es muß immer versucht werden, den Spannungsabfall so klein wie möglich zu halten, da bei dem Drehstrommotor das Drehmoment mit dem Quadrate der Spannung sinkt und beim Gleichstrom-Nebenschlußmotor die Drehzahl stark beeinflußt wird.

Formeln für die Berechnung des Spannungsabfalles (e) in Volt.

Stromart	Stromstärke bekannt	Leistung bekannt
Gleichstrom und Zweileiter-Wechsel-strom (induktionsfreie Belastung)	$e = \dfrac{2\,L\,I}{k\,q}$	$e = \dfrac{2\,L\,N}{k\,q\,U}$
Drehstrom	$e = \dfrac{1{,}73\,L\,I\,\cos\varphi}{k\,q}$	$e = \dfrac{L\,N}{k\,q\,U}$

Außer dem Spannungsabfall ist oft auch der Leistungsverlust für die Bemessung des Leitungsquerschnittes maßgebend. Aus den nachstehend aufgeführten Formeln kann dieser Verlust errechnet werden. Diese Nachrechnung ist besonders dann erforderlich, wenn es sich um lange Zuleitungen handelt, die dauernd voll belastet sind.

Formel für die Berechnung des Leistungsverlustes (p) in %.

Stromart	
Drehstrom	$p = \dfrac{100\,L\,N}{k\,q\,U\,U\,\cos\varphi\,\cos\varphi}$
Gleichstrom	$p = \dfrac{200\,L\,N}{k\,q\,U\,U}$

$e =$ der Abfall der Spannung in Volt vom Anfang bis zum Ende der Leitung.

$U =$ die Betriebsspannung in Volt und zwar in Zweileiteranlagen zwischen den beiden Leitungen, in Gleichstrom-Dreileiteranlagen zwischen den beiden Außenleitungen, in Drehstromanlagen zwischen je zwei der Zuleitungen (also nicht zwischen Zuleitung und Nulleitung).

$N =$ die übertragene Leistung in W.

$I =$ Stromstärke in einer Leitung in A.

$L =$ die Länge der zu betrachtenden Leitungsstrecke in m.

$p =$ der Leistungsverlust von Anfang bis zum Ende der Leitung in %.

$q =$ der Querschnitt der Leitung in mm².

$k =$ die Leitfähigkeit, z. B. Kupfer $\sim$ 56, Aluminium $\sim$ 35.

Es sei noch kurz darauf hingewiesen, daß die vorstehenden Formeln nicht für Freileitungen bei Wechsel- und Drehstrom gelten, da bei diesen der induktive Widerstand der Leitung berücksichtigt werden muß.

Allgemein gilt ferner, daß bei Wechsel- und Drehstrom die Leitungen aller Pole in einem gemeinsamen Rohr bzw. als mehradrige Leitungen verlegt werden müssen, da bei Anordnung je eines Drahtes in einem Rohr eine unzulässige Erwärmung des Rohres und damit auch ein bedeutender Energieverlust einträte.

C. Die Ausführung der Leitungen.

Grundsätzlich ist zu beachten, daß Leitungen, deren Isolation in der Hauptsache aus Gummi besteht, auf keinen Fall mit Öl in Berührung kommen dürfen, da dieses das Gummi angreift und bei dauernder Berührung zerstört. Aus diesem Grunde müssen die Leitungen (ob außen oder im Innern der Werkzeugmaschine) zunächst einmal so verlegt werden, daß sie nicht dauernd dem Öl ausgesetzt sind. Die Verlegung der handelsüblichen NGA-Gummiaderleitung (siehe nachstehend) in Rohren reicht in den meisten Fällen aus, vorausgesetzt, daß aus besonderen Gründen keine anderen Vorschriften bestehen. Können Rohre nicht verwendet werden, so kommen die von einzelnen Firmen als ölbeständig entwickelten Sonderleitungen in Betracht, die für solche Fälle auch gleich mit einem guten mechanischen Schutz ausgeführt werden.

63. Isolierte Leitungen für feste Verlegung. Gummiaderleitung NGA (Abb. 62, I). Diese wird in trockenen Betriebsräumen allgemein verwendet und kommt für Spannungen bis 750 V in Betracht. Da die Isolation mechanisch nicht widerstandsfähig ist, müssen die Leitungen in Rohren verlegt werden. In Werkstätten und an Arbeitsmaschinen, wo eine rauhe Behandlung (Stoß, Druck usw.) nicht vermieden werden kann, wird zweckmäßigerweise Stahlpanzerrohr benutzt. Gußrohre sollen möglichst vermieden werden, weil die durch den Guß bedingten rauhen Stellen im Inneren des Rohres die Isolation der Leitungen beim Einziehen leicht beschädigen können. Es ist selbstverständlich und gilt für alle Fälle, daß der Anschluß an die Motoren und Apparate so ausgeführt sein muß, daß die Leitungen bis zuletzt vollkommen geschützt sind.

Feuchtraumleitung NBU (Abb. 62, II). Der Vollständigkeit halber sei noch auf die Feuchtraumleitung hingewiesen, die sich, wie der Name schon sagt, besonders für feuchte Räume eignet, in denen sonst Isolationsstörungen durch Schwitzwasser oder chemische Einflüsse vorkommen könnten. Sie kommt ferner in feuer- und explosionsgefährdeten Räumen in Betracht. Ihre mechanische Widerstandsfähigkeit ist gut.

Feuchtraumleitung NBEU mit Bandeisenschutz (Abb. 62, III). Soll die vorstehende Feuchtraumleitung einen erhöhten mechanischen Schutz erhalten, so kommt diese Ausführung in Betracht. Als Erdkabel dürfen die Feuchtraumleitungen nicht verwendet werden.

64. Isolierte Leitungen für ortsveränderliche Verbraucher. Diese Leitungen müssen besonders biegsam und, ohne zu knicken, frei beweglich sowie gefahrlos zu handhaben sein. Es ist ferner noch zu beachten, daß eine besondere Ader zur Erdung der beweglichen Apparate (Erdungsleitung) vorgesehen wird. Der Anschlußstecker muß so ausgebildet sein, daß die Erdungsleitung verbunden ist, ehe die Hauptkontakte die Stromverbindung herstellen:

Gummischlauchleitung NMH (mittlere Ausführung) (Abb. 62, IV). Sie wird für eine mittlere mechanische Beanspruchung, z. B. Heizplatten, Wasserkocher, Handbohrmaschinen, Handleuchten usw. verwendet.

Gummischlauchleitung NSH (starke Ausführung) (Abb. 62, V). Sie kommt besonders für hohe mechanische Anforderungen in Betracht, z. B. schwerere Werkzeugmaschinen, fahrbare Motoren usw. — Sie wird auch für feste Verlegung an den Werkzeugmaschinen verwendet.

Handelt es sich darum, Verbindungsleitungen nach einer am beweglichen Teil einer Werkzeugmaschine befindlichen elektrischen Ausrüstung zu führen, z. B. nach einer Druckknopftafel oder einem Hilfsmotor am Support oder Reitstock, so kann der Strom durch ein bewegliches Kabel zugeführt werden, wenn

I

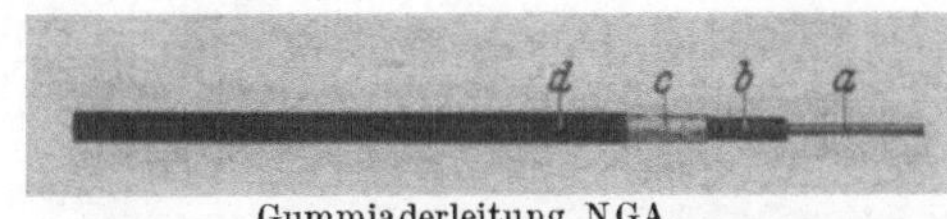

Gummiaderleitung NGA.

II

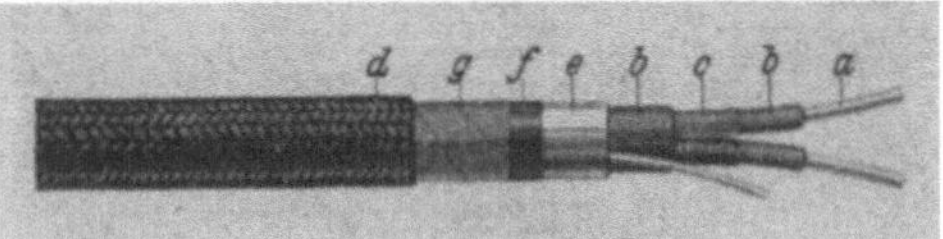

Feuchtraumleitung NBU.

III

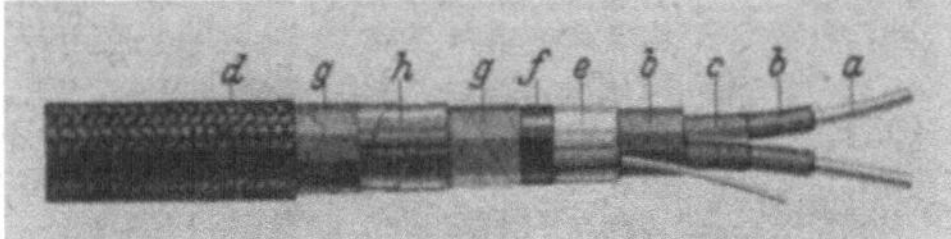

Feuchtraumleitung mit Bandeisenschutz NBEU.

IV

Gummischlauchleitung NMH.

V

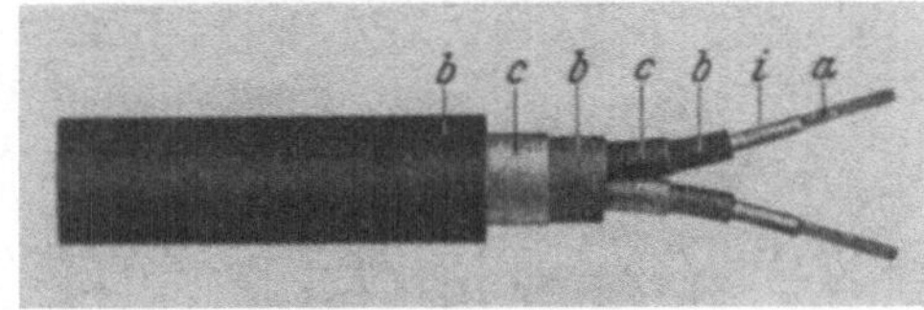

Gummischlauchleitung NSH.

Abb. 62. Isolierte Leitungen.
a = feuerverzinnter Kupferleiter,   e = nahtloser Bleimantel,
b = vulkanisierte Gummimischung,   f = Asphaltierung,
c = gummiertes Band,   g = getränktes Papier,
d = imprägnierte Baumwollbeflechtung,   h = 2 Lagen Bandeisen,
   i = Baumwolle.

der Abstand gering ist. Ist ein besonderer Schutz der beweglichen Leitungen gegen rauhe Behandlung notwendig, so werden diese zweckmäßigerweise in Metallschläuchen verlegt, die es in allen lichten Weiten gibt. Die Leitung muß dann selbstverständlich so befestigt sein, daß sich ein kleinstmöglicher Durchhang ergibt.

65. Schleifleitungen. Bei Maschinen mit großen Bettlängen, z. B. Drehbänke, Bohrbänke, Ziehbänke, Blechkantenhobelmaschinen usw. sind bewegliche Kabel unzweckmäßig. Die durchhängenden oder mit Rollen und Gewichten gespannten Leitungen würden zu lang und könnten deshalb leicht beschädigt oder abgerissen werden. In solchen Fällen werden längs des Bettes Schleifleitungen angeordnet, die zweckmäßigerweise aus blanken Messingschienen bestehen und auf Isolierplatten montiert werden.

Abb. 63. Beispiel einer Schleifleitung und eines Stromabnehmers an einer neuzeitlichen Werkzeugmaschine.

den. Der Strom wird durch Stromabnehmer abgenommen (Abb. 63). Die Schleifleitungen müssen abgedeckt werden, damit sie nicht berührt werden können, damit keine Späne herauffallen und ferner kein Spritzwasser eindringen kann.

66. Kabel. Sie werden für die Stromverteilung von der Transformatorenstation oder den Schaltanlagen in der Maschinenzentrale zu den Unterteilungsanlagen und für die Weiterleitung zu den größeren Motoren verwendet. Den Aufbau der am meisten verwandten Bleikabel zeigt Abb. 64. Die mit Papier isolierten Kupferadern sind verseilt, nochmals mit Papier und Jute bewickelt und mit einem Bleimantel umpreßt. Auf dem Bleimantel liegt eine Lage aus asphaltiertem Papier, eine aus asphaltiertem Jutegarn und eine doppelte Lage Bandeisen. Diese Bandbewehrung, die den mechanischen Schutz des Bleimantels bildet, erhält bei Verlegung des Kabels in der Erde oder offen in Betriebsräumen mit feuchter Luft eine Bedeckung aus getränkter Jute, um ein Verrosten des Eisenbandes zu verhindern. In diesem Falle ist es zweckmäßig, die Juteumwicklung von Zeit zu Zeit dünn mit Teer nachzustreichen, damit sie nicht verrottet. Kabel ohne Jutebeflechtung werden zweckmäßigerweise dann verwendet, wenn sie in Kanälen, die mit den Betriebsräumen in Verbindung stehen, verlegt werden. Hierdurch wird bei einem möglichen Brande eine starke Rauchentwicklung vermieden, besonders wenn mehrere Kabel in einem Kanal angehäuft sind. Die Eisenbewehrung muß statt der Jutebeflechtung dauerhaft angestrichen sein.

Die Kabel erfordern bei ihrer Verlegung sorgfältig

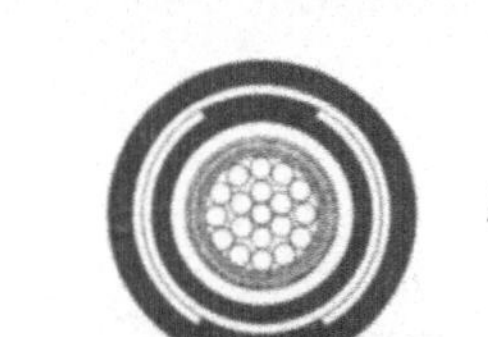

I

II

III

Abb. 64. Verschiedene Kabelausführungen NKBA für Spannungen bis 1000 V.
I = Einleiterkabel, Leiter rund. *II* = Dreileiterkabel, Leiter rund. *III* = Dreileiterkabel, Leiter sektorförmig.

ausgegossene Abzweigmuffen, Verbindungsmuffen und Endverschlüsse, um ein Eindringen von Feuchtigkeit in das Kabelinnere zu verhüten. Bei der Verlegung müssen scharfe Biegungen vermieden werden.

VIII. Die Absicherung des Motors.

Nach den VDE-Vorschriften müssen alle Verbindungsleitungen gesichert sein. Das nächstliegende wäre ein Schutz durch Stöpselsicherungen. Die Größe der zu wählenden Sicherung geht aus der Tabelle in den VDE-Bestimmungen (vgl. Abschn. VII A) hervor.

Die Leitungen können aber auch durch ein eingebautes Wärmeelement gesichert werden, das bei Überschreitung der Nennstromstärke durch Wärmewirkung anspricht (Stöpselautomaten, träge Sicherung). Diese Sicherungen sind im Gegensatz zu den Stöpselsicherungen überstromträge, d. h. sie halten die hohen Einschaltstromstöße der Drehstrom-Käfigläufermotoren mit einem Betriebsstrom, der gleich dem Nennstrom der Sicherungen sein kann, ohne weiteres aus, sofern nicht ungewöhnlich große Massen zu beschleunigen sind. Sie schalten nur ab, wenn längere Überlastungen, die die Leitungen beschädigen würden, auftreten. Da ihre Erwärmungskurve der Leitung angepaßt ist, ermöglichen sie es, die Leitung voll auszunutzen und kleinere Leitungsquerschnitte zu verwenden, wie folgendes Beispiel zeigt: Ein Käfigläufermotor mit 10 A Betriebsstrom kann, vorausgesetzt, daß der Spannungsabfall nicht zu groß wird, mit einer 1,5 mm²-Leitung angeschlossen werden und wäre dann gemäß der Errichtungsvorschriften mit 10 A abzusichern. Bei Verwendung von Stöpselsicherungen müßte aber mit Rücksicht auf den erheblich höheren Anlaufstrom mindestens eine 20 A-Sicherung verwendet werden, die die Verwendung eines Leitungsquerschnittes von 4 mm² bedingte. Da für den die zulässige Dauerbelastung 25 A beträgt, wäre die Leitung sehr mangelhaft ausgenützt. Bei den Stöpselautomaten oder den später beschriebenen Schutzschaltern ist außerdem die Anlage bereits kurze Zeit nach eingetretener Auslösung wieder betriebsbereit, während bei normalen Stöpselsicherungen erst Ersatz beschafft werden muß. Bei dieser Gelegenheit muß eindringlichst davor gewarnt werden, Sicherungen etwa durch Überbrücken oder durch Einlegen von Kupferlitze unwirksam zu machen. Bei auftretenden Brandschaden erlischt jeder Versicherungsanspruch, wenn in der Anlage eine derartige „Sicherung" nachgewiesen wird.

Den wirksamsten Schutz für den Motor bieten die Motorschutzschalter mit eingebauten Wärmeelementen (Bimetallauslöser). Sie sprechen an, sobald durch andauernde schädliche Überlastung die zulässige Erwärmungsgrenze überschritten wird. Sie schalten sogleich ab, wenn die Überlastung hoch, nach längerer Zeit, wenn sie gering ist. Dadurch ermöglichen sie eine größtmögliche Dauerbelastbarkeit und hohe Ausnutzung des Motors. Gegen kurzzeitige Überlastungen oder Anlaufstromspitzen sind sie unempfindlich, da diese den Motor nicht schädlich übererwärmen.

Der Motorschutzschalter muß den Motor auch gegen Kurzschluß schützen und die Anlage sofort abschalten, dabei aber unter normalen Verhältnissen selbst kurzschlußfest sein. Die oben erwähnten Wärmeelemente würden hierbei zu spät ansprechen. Deshalb müssen in dem Motorschutzschalter in allen Polen elektromagnetische Schnellauslöser sein, die sofort wirksam werden. Sie werden zweckmäßig, z. B. bei Gleichstrom- und Drehstrom-Schleifringläufermotoren mit geringem Anlaufstrom auf den 2,5...4fachen und bei Käfigläufermotoren auf den 7...10fachen Nennstrom eingestellt. Hierdurch wird auch erreicht, daß die Auslöser bei Verwendung des Schalters für Schleifringläufermotoren sofort ansprechen, wenn durch einen Bedienungsfehler der Motor mit kurzgeschlossenem Läufer eingeschaltet wird. Bei Gleichstrom wird der Motor ebenfalls ausgelöst, sobald er ohne Anlasser unmittelbar eingeschaltet wird.

Motorschutzschalter mit eingebauter Unterspannungsauslösung schalten den Antrieb vom Netz ab, sobald die Spannung zu sehr sinkt oder überhaupt fortbleibt. Außerdem verhindern sie, daß der Motor unbeabsichtigt anläuft, wenn die Spannung wieder kommt.

Durch richtige Wahl und Einstellung der Wärmeelemente können die Motorschutzschalter allen Betriebsverhältnissen genau angepaßt werden. Auch bei kleineren Motoren sind sie besonders gut zu verwenden, denn je kleiner der Motor ist, desto leichter können, ohne daß man etwas bemerkt, verhältnismäßig hohe Überlastungen auftreten.

Ein großer Vorteil des Motorschutzschalters ist es, daß er kurze Zeit nach dem Ansprechen wieder betriebsfertig zum Einschalten ist. Unbedingt notwendig ist es jedoch, vor dem Einschalten die Ursache der Überlastung zu ermitteln und zu beseitigen. Hierbei wird es sich in manchen Fällen vielleicht auch herausstellen, daß der Motor für den betreffenden Antrieb zu schwach gewählt ist. Sind im Motorschutzschalter nur Wärmeelemente eingebaut, so ist es notwendig, Stöpselsicherungen als Kurzschlußschutz davor anzuordnen. Diese müssen mindestens den Anlaufstrom des Motors aushalten. Bei Motoren, die unmittelbar ein- und ausgeschaltet werden, z. B. Drehstrom-Käfigläufermotoren, werden die Motorschutzschalter gleichzeitig als Schaltorgan verwendet. Sie werden auch als Fernschalter ausgebildet.

IX. Betriebsschäden, ihre Ursachen und Beseitigung.

A. Störungen bei Inbetriebsetzung des Motors.

67. Vorbedingungen für störungsfreien Lauf. Vorbedingung ist zunächst, daß der Motor mechanisch in Ordnung ist. Man prüft deshalb, ob die Welle sich leicht dreht, ob etwaige Gleitlager mit Öl gefüllt sind und die Schmierringe sich frei bewegen. Denn bei der Beförderung kann es immerhin vorkommen, daß sich die Lagerbuchse verschiebt und den Schmierring festklemmt. Motoren mit Kugellagern werden wohl in allen Fällen mit dem geeigneten Fett gefüllt geliefert.

Es ist ferner darauf zu achten, daß das Gehäuse des Motors sowie alle Schaltgeräte gut leitend und mechanisch sicher durch einen Kupferdraht von etwa 6 mm untereinander und mit der Erde verbunden sind (Erdungsklemme). Die näheren Bestimmungen über die Erdung selbst gehen aus den Vorschriften VDE 0140/1932 Abs. IV hervor. Als Erde kann auch ein ausgedehntes Wasserleitungsnetz dienen. Gasleitungen dürfen dagegen nicht als Erdleitung benutzt werden.

Die Verbindungsschrauben der Zuleitungen müssen fest angezogen sein, da sonst durch einen „Wackelkontakt" die Verbindungen stark erwärmt werden. Im übrigen sei auf die Sicherheitsvorschriften des VDE und auf die Anschlußbedingungen des betreffenden Lieferwerk, die bei Drehstrom für die richtige Wahl der Motoren und Schaltgeräte von großer Bedeutung sein können (Anlaufstrom), hingewiesen.

68. Mögliche Unregelmäßigkeiten bei Inbetriebnahme. a) Der Anlasser eines Gleichstrom- oder Drehstrom-Schleifringläufermotors erwärmt sich beim Anlassen unter Last übermäßig: auf den letzten Stufen tritt ein großer Stromstoß auf oder die Sicherungen brennen durch.

In diesem Falle ist der Anlasser für die verlangte Anlaufleistung zu klein ausgelegt. Er muß entweder gegen einen auf Grund der tatsächlichen Betriebsverhältnisse berechneten ausgetauscht werden, oder aber die Anlauflast muß vermindert werden. Bei einem Drehstrommotor mit zweiphasigem Läufer könnte auch der dritte Schleifring nicht mit der betreffenden Anschlußklemme des Anlassers verbunden sein oder der Anlasser überhaupt nicht für den Motor passen. Daher ist die Schaltung genau zu prüfen und gegebenenfalls der richtige Anlasser zu wählen.

b) Der Motor zeigt abnorm hohe Erwärmung. Da diese von einer Überlastung herrühren kann, ist die Belastung mit einem Strommesser zu prüfen und gegebenenfalls zu vermindern. Ist das nicht möglich, so ist ein größerer Motor zu verwenden.

Bei Gleichstrom ist vorher noch einmal nachzusehen, ob die Erregung auch richtig geschaltet ist.

c) Die Lager werden abnorm heiß. Der Grund hierfür kann bei Riemenantrieb ein zu straff gespannter Riemen sein. Der Motor kann ferner auf seiner Unterlage verspannt oder bei unmittelbarer Kupplung schlecht ausgerichtet sein. Um das herauszubekommen, lockert man den Riemen bzw. die betreffenden Schrauben und prüft bei laufendem Motor, ob die Temperatur sinkt. Tut sie es, so ist einer der vorstehenden Mängel schuld und durch genaue Nachprüfung des Zusammenbaues sofort zu beseitigen. Ein Gleitlager kann sich noch durch ungenügendes Ausspülen des Lagers vor der Inbetriebsetzung, durch unzureichende Ölfüllung, durch schlechtes oder unreines Öl und schließlich durch Hängenbleiben eines Ölringes unzulässig erwärmen. Öl kann dadurch umhergespritzt werden, daß das Lager zu voll gegossen, der Ölrücklauf verstopft oder die Ölüberlaufschraube schlecht abgedichtet ist.

d) Ein Gleichstrommotor funkt bei Belastung. Da das durch Überlastung hervorgerufen sein kann, muß man zunächst die Belastung mit einem Strommesser prüfen und gegebenenfalls vermindern oder aber einen größeren Motor einbauen.

Der Grund kann aber auch eine falsche Stellung des Bürstenhaltersternes sein. Bei Motoren ohne Wendepole ist die Bürstenbrücke entgegengesetzt der Drehrichtung zu verschieben. Motoren mit Wendepolen haben für beide Drehrichtungen dagegen gleiche Bürstenstellung.

Schließlich können die Wendepole falsch geschaltet sein, was man mit einem Kompaß feststellt: die Hilfspole sollen so gepolt sein, daß bei einem Motor im Sinne der normalen Ankerumdrehung auf einen Nord-Hauptpol ein Nord-Hilfspol folgt. Nötigenfalls sind die Wendepole umzuschalten (Vorsicht!).

e) Ein Drehstrommotor nimmt bereits bei Leerlauf einen großen Strom auf: seine Ständerwicklung wird hierbei nach kurzer Zeit sehr warm.

Dieses kann daran liegen, daß der Ständer im Dreieck statt im Stern geschaltet ist. Vor Anschluß des Motors ist deshalb immer genau zu prüfen, für welche Spannungen er gewickelt ist, und welche Betriebsspannung zur Verfügung steht (s. Abschn. 20).

f) Ein Drehstrommotor läuft schwer an. Bei Belastung geht die Drehzahl stark zurück. Der Grund dafür kann sein, daß der Motor, der für Dreieckschaltung bestimmt ist, in Stern geschaltet an das Netz angeschlossen ist. Dann ist die Schaltung zu ändern. Es kann aber auch die Spannung zu gering sein. Sie ist deshalb am Motor zu messen. Ist sie zu klein und ist der Spannungsabfall in der Leitung nicht zu groß und damit nicht schuld an der niederen Spannung, so ist das Elektrizitätswerk zu benachrichtigen.

B. Störungen während des Betriebes.

Lager, Schleifringe und Stromwender müssen regelmäßig gewartet werden; an den Lauf- und Schleifflächen sollen sie Hochglanz zeigen. Jeder noch so kleine Angriff führt mit der Zeit zur Zerstörung. Schleifringe und Stromwender sind öfter mit einem Lederlappen abzuwischen und die Halter und Bürsten zu reinigen. Sind bereits Anschwärzungen vorhanden, so ist die Schleiffläche bei abgehobenen Bürsten leicht abzuschmirgeln.

Treten sonst Störungen an Motoren auf, die bis dahin einwandfrei liefen, so ist es von Vorteil, sofort zu wissen, welches die Ursachen hierfür sein könnten. Nachprüfungen in dieser oder jener Richtung werden in vielen Fällen den Schaden beheben, ohne daß hierdurch große Unkosten entstehen und vor allen Dingen, ohne daß Zeit verloren geht.

69. Der Gleichstrommotor. a) **Der Motor läuft nicht an.** Es ist zunächst zu prüfen, ob das Netz nicht zufällig spannungslos oder ob nicht eine Sicherung durchgebrannt oder die Zuleitung nicht unterbrochen ist. Um dieses festzustellen, entfernt man die Bürsten vom Kollektor, schaltet den Anlasser ein und prüft mit einer Prüflampe, ob an den Klemmen des Motors die volle Spannung ist. Daraufhin ist gegebenenfalls die Leitungsunterbrechung zu beseitigen.

Es kann auch möglich sein, daß der Anlasser durchgebrannt ist. Man mißt deshalb mit Galvanoskop oder Prüflampe, ob er irgendwie unterbrochen ist, und wechselt ihn nötigenfalls aus.

Schließlich können die Bürsten infolge Verschmutzung in den Haltern festgeklemmt sein. Man säubert die Bürstenhalter, so daß sich die Bürsten leicht bewegen und vor allen Dingen den Kollektor berühren.

b) **Der Motor läuft stoßweise an,** wenn der Anlasser zum Teil eingeschaltet ist. Ist die Kontaktbahn an der betreffenden Stelle angeschmort, so ist der Anlasser hier unterbrochen. Man prüft daraufhin den Anlasser mit Galvanoskop oder Prüflampe, überbrückt die Unterbrechungsstelle oder wechselt nötigenfalls den Anlasser aus.

c) **Der Motor läuft schwer an;** der Anlasser wird heiß, die Sicherungen brennen durch oder der Motorschutzschalter spricht an. Es ist zunächst zu untersuchen, ob die Leitungen zwischen Anlasser und Motor nicht Schluß untereinander oder Erdschluß haben. Man löst hierzu die Leitungen vom Klemmenbrett und prüft sie mittels Isolationsmessung gegeneinander und gegen Erde. Ist dies in Ordnung, so ist zu prüfen, ob der Motor selbst nicht Körperschluß hat. Man löst auch hier die Leitungen vom Klemmenbrett, entfernt die Bürsten vom Kollektor und mißt dann mit Galvanoskop die Magnete, den Anker und die Bürstenbolzen gegen Eisen. Zeigt sich hierbei ein Körperschluß, so muß der Motor repariert werden.

Die Ursache kann ferner eine Unterbrechung des Magnetstromkreises sein. Um dieses zu prüfen, schiebt man zwischen die Bürsten und den Kollektor Papier, schaltet den Anlasser ein und prüft mit einem Eisenstück, ob die Pole magnetisch sind. Ist hierbei alles in Ordnung, so muß man auf jeden Fall den Anlasser erst ausschalten, bevor man die Papierunterlagen unter den Bürsten entfernt.

Schließlich kann die Bürstenbücke falsche Stellung haben. Ist eine Marke vorhanden, so ist die Einstellung leicht, andernfalls ist durch Hin- und Herschieben der Bürsten die richtige Stellung zu ermitteln. Liegt die Ableitung der Ankerwicklung zum Kollektor außen, so findet man die richtige Bürstenstellung (neutrale Zone) wie folgt: Man wählt die Ableitung derjenigen Spule, die zwischen zwei Hauptpolen steht und stellt die Bürsten auf die Kollektorlamelle, in die diese eingelötet ist. Im allgemeinen wird eine Schablonenspule rot lackiert, um sie leichter aufzufinden.

d) **Der Motor funkt bei Belastung.** Die Ursache kann eine vorstehende Lamellenisolation sein, die man durch Abfühlen des Kollektors feststellen kann. Der vorstehende Glimmer ist dann durch kräftiges Abschmirgeln mit scharfem Karborumdumleinen zu entfernen und die Glimmerschicht zwischen den Lamellen mit einem abgeschliffenen Sägeblatt (in der Stärke dieser Schicht), das vorsichtig hin und her gezogen wird, bis auf etwa 0,8 mm Tiefe abzuschleifen.

Zu prüfen ist ferner, ob die vom Erbauer der Maschine vorgeschriebene Kohlensorte verwendet wird, da nur in diesem Falle funkenloser Lauf gewährleistet wird.

Das Funken des Motors bei Belastung kann ferner durch einen unrunden Kollektor oder durch eine mangelhafte (unsaubere, verschmorte, riefige) Schleiffläche hervorgerufen sein. Der Kollektor ist in diesem Fall sofort zu überdrehen, jedoch nur soviel wie unbedingt notwendig ist. (Mit hoher Schnittgeschwindigkeit drehen und so, daß die Kollektorfahnen nicht beschädigt werden.)

Weiterhin können sich einzelne Bürstenhalter gelockert haben, so daß die Bürsten den Kollektor in ungleichen Abständen berühren. Hier ist zu prüfen, ob die aufliegenden Kohlenbürsten den Kollektor in gleiche Abschnitte teilen; andernfalls sind die Kohlenbürsten zu versetzen.

Zuweilen sind ausgelaufene Lagerbuchsen bei Gleitlagern oder beschädigte Kugellager der Grund. Es ist zu prüfen, ob die Welle im Lager in radialer oder axialer Richtung unzulässiges Spiel hat. In solchen Fällen sind bei Gleitlagern die Buchsen und bei Kugellagern diese selbst auszuwechseln.

Starke Erschütterungen können auch ein Grund sein. Man prüft deshalb, ob alle Fundamentschrauben oder bei Flanschmotoren die Befestigungsschrauben gut angezogen sind, und ob bei Riemenantrieb der Motor ohne Riemen gut läuft. Selbstverständlich ist auch auf eine richtige Verbindung der Riemenstoßstelle zu achten. Schwingungen und Stöße durch schlechtes Auswuchten sind gegebenenfalls zu beseitigen.

Schließlich können eine oder auch mehrere Magnetspulen Windungsschluß haben. Man muß dann die Verbindungen zwischen den einzelnen Magnetspulen freilegen, die Magnete einschalten und die Spannung der einzelnen Spulen messen. Abweichungen sollen nicht mehr als 10% betragen. Die fehlerhafte, nämlich die mit zu geringer Spannung, ist auszuwechseln. Sind die Magnetspulen in Serie geschaltet, so sind alle auszuwechseln.

e) **Einzelne Bürsten funken stark und werden heiß,** während die anderen kalt bleiben. Dieses kann daher rühren, daß auf den untereinander verbundenen Bürstenbolzen sich verschiedene Kohlensorten befinden. Man sorgt sofort dafür, daß gleichartige eingesetzt werden. Zweckmäßig erkundigt man sich beim Erbauer des Motors nach der richtigen Sorte.

f) **Der Motor funkt sehr stark,** und an einzelnen Lamellen am Kollektor brennt die Isolation heraus. Hier kann die Ankerwicklung unterbrochen sein. Es ist deshalb zu prüfen, ob eine Verbindung zwischen Kollektor und Wicklung ausgelötet oder ein Ankerdraht hinter der Kollektorfahne abgebrochen ist. Bevor jedoch die Unterbrechung beseitigt wird, ist zu untersuchen, ob die Lamellen, zwischen denen die Isolation durchgebrannt ist, nicht etwa Verbindung haben. Ist dieses nicht der Fall, so ist die Wicklung unterbrochen.

g) **Der Motor funkt und der Kollektor wird stellenweise schwarz.** Die Ursache kann schlechter Kontakt zwischen der Wicklung und den Lamellen bzw. ihren Fahnen sein. Es ist deshalb mit einem spitzen Eisen festzustellen, ob sich an den betreffenden Stellen die Ankerdrähte in den Fahnen bewegen lassen.

Ist das der Fall, so sind sie neu anzulöten. Es kann ferner ein schlechter Kontakt zwischen den Lamellen und Fahnen bestehen. Man prüft deshalb durch leichten Schlag gegen die Fahnen, ob sie sich in den Lamellen bewegen. Ist das der Fall, so muß der Anker repariert werden. Bei manchen Kollektoren sind die Ankerdrähte verschraubt. Dann kann es vorkommen, daß sich die Schrauben lockern.

h) **Der Motor hat abnorm hohe Stromaufnahme**, und zwar erhitzen sich einzelne Ankerspulen nach kurzer Zeit. In diesem Fall können Spulen am Kollektor überbrückt sein. Wenn festgestellt wird, daß eine äußere Überbrückung nicht vorliegt, ist die Lamellenisolation beschädigt und muß repariert werden.

i) **Der Motor läuft bei großer Stromaufnahme ruckweise an.** Der Grund kann ein gegenseitiger Schluß der Ankerspulen sein. Man prüft das, indem man die Bürsten abhebt, den Anlasser einschaltet, so daß die Magnete voll erregt sind, und darauf den Anker mit der Hand dreht. Ist ein Wicklungsschluß vorhanden, so ist der Anker an zwei Punkten sehr schwer zu bewegen. Eine Reparatur ist notwendig.

k) **Der Anker zeigt im ganzen abnorm hohe Erwärmung.** In diesem Falle ist mit einem Strommesser die Belastung zu prüfen, da der Motor überlastet sein kann. Überlastungsursache ist zu ermitteln und zu beseitigen.

70. Der Drehstrommotor. a) **Der Motor läuft nicht an.** Es ist zu untersuchen, ob das Netz nicht zufällig spannungslos, die Zuleitung unterbrochen oder eine Sicherung durchgebrannt ist. Die Spannung an den Motorklemmen darf auch nicht mehr als 5% unter der Nennspannung liegen, weil das Anzugsmoment des Motors mit dem Quadrat der Spannung sinkt. Liegt hier nicht der Fehler, so ist zu prüfen, ob der Ständerstromkreis nicht unterbrochen ist. Hierzu löst man die Zuleitungen und die Schaltverbindungen am Klemmbrett und prüft die einzelnen Phasen mit Galvanoskop. Ist irgendeine Unterbrechung vorhanden, so ist eine Reparatur notwendig.

Handelt es sich um einen Motor mit Schleifringen, so ist zu untersuchen, ob nicht der Läuferstromkreis unterbrochen ist. Man spannt die Bürsten nach, prüft die Leitung zwischen Motor und Anlasser, untersucht, ob die Schleiffedern am Anlasser guten Kontakt geben und ob die Widerstände unterbrochen sind. Ist alles in Ordnung, so muß an den Klemmen des Anlassers u, v, w die Prüflampe (bei 380 V zwei in Reihe geschaltete Lampen) gleichmäßig aufleuchten. Bei zweiphasigem Läufer mit den Klemmen u, x/y, v muß die Prüflampe zwischen u und x/y sowie v und x/y schwach, dagegen zwischen u und v stärker aufleuchten. Tut sie das nicht, so ist eine Reparatur notwendig.

b) **Der Motor läuft schwer an**, hat Schleifgeräusche und erhitzt sich schnell. In diesem Fall ist durch Einführen von Stahlbandlehren zu prüfen, ob Ständer und Läufer sich nicht irgendwo berühren und nötigenfalls durch Ausbau des Läufers festzustellen, ob dieser im Innern des Ständers geschliffen hat. Die Ursache können ausgelaufene Gleitlager oder ein Bruch im Kugellager sein, die sofort in Ordnung zu bringen sind. Zuweilen kann es unvermeidlich sein, einen beschädigten Läufer etwas abzudrehen. Hierbei ist streng darauf zu achten, daß so wenig wie nur möglich weggenommen wird, weil durch die Vergrößerung des Luftspaltes die Zugkraft des Motors stark verringert wird.

c) **Der Motor brummt sehr stark bei großer Stromaufnahme.** Es ist zu untersuchen, ob nicht eine Phase der Ständerwicklung Windungsschluß hat. Da die kurzgeschlossenen Windungen sich nach kurzer Zeit sehr stark erwärmen, ist durch Anfühlen festzustellen, ob die Wicklung ungleichmäßig erwärmt ist. In diesem Fall muß der Motor neu gewickelt werden.

d) **Der Motor erwärmt sich übermäßig.** Ergibt die Untersuchung eine Überlastung des Motors, so ist die nächste Motorgröße zu nehmen.

e) **Der Motor läuft bei Sterndreieckschaltung in der Sternstellung nicht an** bzw. ein Schleifringmotor läuft mit Stoß an, wenn der Anlasser zum Teil eingeschaltet wird. In diesen Fällen haben die Anlaßschalter bzw. Anlasser Brandstellen und sind unterbrochen. Der Sterndreieckschalter ist daraufhin zu prüfen und gegebenenfalls mit neuen Kontaktfingern zu versehen, während der Anlasser mit Galvanoskop oder Prüflampe zu untersuchen ist. Nötigenfalls ist er auszuwechseln oder die Unterbrechungsstelle ist zu überbrücken.

f) **Der Motor läuft zwar an, geht aber bei Belastung stark mit seiner Drehzahl zurück.** Handelt es sich um einen Käfigläufermotor, so ist zu prüfen, ob nicht seine Läuferstäbe ausgelötet sind oder ob die Belastung zu groß ist. Sind Zinnteile vorhanden, so sind sie ausgelötet und müssen repariert werden. Bei einem Schleifringläufermotor kann eine Phase des Läuferstromkreises unterbrochen sein. Mit Prüflampe ist festzustellen, ob alle drei Schleifringe Spannung haben. Ist dies nicht der Fall, so sind die Bürsten nachzuspannen bzw. die Leitung zwischen Anlasser und Klemmbrett ist zu untersuchen, und die Schleiffedern des Anlassers sind auf guten Kontakt und die Widerstände auf Unterbrechung zu prüfen.

g) **Beim Einschalten des Schalters brennen eine oder mehrere Sicherungen durch.** Die Leitungen vom Schalter zum Ständer können Schluß miteinander haben. Man löst die Zuleitung vom Motorklemmbrett und prüft sie gegeneinander. Isolationsfehler sind zu beseitigen. Es können aber auch zwei Phasen der Ständerwicklung Schluß miteinander bzw. gegen Eisen haben. In diesem Falle sind die Zuleitungen und Schaltstücke vom Motorklemmbrett zu lösen und die einzelnen Phasen gegeneinander und gegen Eisen zu prüfen. Ist ein Schluß im Motor vorhanden, so muß der Motor zur Reparatur zurück.

Bei Schleifringläufermotoren können die Schleifringe gegeneinander oder die Läufer in der Wicklung selbst Schluß haben. Um dies festzustellen, hebt man die Bürsten von den Schleifringen ab, sorgt dafür, daß der Motor unbelastet ist und schaltet den Ständer ein. Der Motor läuft alsdann leer an. Dieser Fehler ist meist nur durch Reparatur zu beseitigen.

Zum Schluß sei allgemein noch darauf hingewiesen, daß zum Löschen von Motorbränden kein Wasserstrahl verwendet werden darf, da dieser leitend ist. Es kommen nur Schnee und Schaum erzeugende kohlensäurehaltige Feuerlöscher oder solche mit chemischen Flüssigkeiten (Tetrachlorkohlenstoff) in Betracht.

Buchdruckerei Otto Regel G.m.b.H., Leipzig.

Die Elektrotechnik und die elektromotorischen Antriebe. Ein elementares Lehrbuch für technische Lehranstalten und zum Selbstunterricht. Von Professor Dipl.-Ing. **W. Lehmann**, Berlin. Zweite, stark umgearbeitete Auflage. Mit 701 Textabbildungen und 112 Beispielen. VII, 302 Seiten. 1933.

RM 12.60; gebunden RM 13.80

Der elektrische Strom (Gleichstrom). Von Dipl.-Ing. **Arnold Meyer**, München. (Technische Fachbücher, Band 3.) Mit 24 Abbildungen im Text und 184 Aufgaben nebst Lösungen. IV, 125 Seiten. 1926. RM 2.25*

Grundzüge der Starkstromtechnik für Unterricht und Praxis. Von Dr.-Ing. **K. Hoerner**. Zweite, durchgesehene und erweiterte Auflage. Mit 347 Textabbildungen und zahlreichen Beispielen. V, 209 Seiten. 1928. RM 7.—; gebunden RM 8.20*

Elektromaschinenbau. Berechnung elektrischer Maschinen in Theorie und Praxis. Von Privatdozent Dr.-Ing. **P. B. Arthur Linker**, Hannover. Mit 128 Textfiguren und 14 Anlagen. VIII, 304 Seiten. 1925. Gebunden RM 24.—*

Die Elektromotoren in ihrer Wirkungsweise und Anwendung. Ein Hilfsbuch für die Auswahl und Durchbildung elektromotorischer Antriebe. Von Oberingenieur **Karl Meller**. Zweite, vermehrte und verbesserte Auflage. Mit 153 Textabbildungen. VII, 160 Seiten. 1923. RM 4.60; gebunden RM 6.—*

Der Elektromotor. A: Gleichstrommotoren. Von Dipl.-Ing. **Conrad Aron**, Berlin. (Technische Fachbücher, Band 18a.) Mit 44 Abbildungen im Text und 113 Aufgaben nebst Lösungen. IV, 126 Seiten. 1927. RM 2.25*

Der Transformator im Betrieb. Von Professor Dr. techn. **Milan Vidmar**, Ljubljana. Mit 126 Abbildungen im Text. VIII, 310 Seiten. 1927. Gebunden RM 19.—*

Elektro-Werkzeuge, Kleinwerkzeugmaschinen mit Einbaumotor und biegsame Wellen. Von Dr.-Ing. **Hans Fein**, Stuttgart. Mit 164 Textabbildungen. V, 112 Seiten. 1929. RM 6.90*

Schaltungsbuch für Gleich- und Wechselstromanlagen. Dynamomaschinen, Motoren und Transformatoren, Lichtanlagen, Kraftwerke und Umformerstationen. Ein Lehr- und Hilfsbuch von Oberstudienrat Dipl.-Ing. **Emil Kosack**, Magdeburg. Dritte, erweiterte Auflage. Mit 292 Abbildungen im Text und auf 2 Tafeln. X, 213 Seiten. 1931. RM 8.50; gebunden RM 9.50*

Krankheiten elektrischer Maschinen, Transformatoren und Apparate. Unter Mitarbeit von Ing. Hans Knöpfel, Ing. Franz Roggen, Ing. August Meyerhans, Ing. Robert Keller und Dr. chem. Hans Stäger bearbeitet und herausgegeben von Professor Dipl.-Ing. **Robert Spieser**, Winterthur. Mit 218 Abbildungen im Text. XII, 357 und 2 Seiten. 1932. Gebunden RM 23.50

* *Abzüglich 10% Notnachlaß.*

Elemente des Werkzeugmaschinenbaues. Ihre Berechnung und Konstruktion. Von Professor Dipl.-Ing. **Max Coenen,** Chemnitz. Mit 297 Abbildungen im Text. IV, 146 Seiten. 1927. RM 10.—*

Elemente des Vorrichtungsbaues. Von E. Gempe, Oberingenieur. Mit 727 Textabbildungen. IV, 132 Seiten. 1927. RM 6.75; gebunden RM 7.75*

Der Praktiker in der Werkstatt. Hinweise für die rationelle Ausnutzung von Werkstätten des Maschinenbaues. Von **Valentin Retterath,** Direktor der Magdeburger Werkzeugmaschinenfabrik A.-G. Mit 107 Textabbildungen. III, 70 Seiten. 1927. RM 3.50*

Taschenbuch für Schnitt- und Stanzwerkzeuge und dafür bewährte Böhler-Werkzeugstähle. Von Dr.-Ing. **G. Oehler.** Mit zahlreichen Abbildungen, Literaturnachweisen, Konstruktions- und Berechnungsbeispielen. VI, 128 Seiten. 1933.
Gebunden RM 7.50

Der Dreher als Rechner. Wechselräder-, Touren-, Zeit- und Konusberechnung in einfachster und anschaulichster Darstellung, darum zum Selbstunterricht wirklich geeignet. Von **E. Busch.** Mit 28 Textfiguren. VIII, 186 Seiten. 1919.
Gebunden RM 6.—*

Der Fräser als Rechner. Berechnungen an den Universal-Fräsmaschinen und -Teilköpfen in einfachster und anschaulichster Darstellung, darum zum Selbstunterricht wirklich geeignet. Von **E. Busch.** Mit 69 Textabbildungen und 14 Tabellen. VI, 214 Seiten. 1922. Gebunden RM 6.—*

Stock, Fräser-Handbuch. Bearbeitet im Versuchsfeld der R. Stock & Co. A.-G., Berlin-Marienfelde. Mit 181 Abbildungen und zahlreichen Normen- und Zahlentafeln im Text. 204 Seiten. 1933. Gebunden RM 6.—

Pfauter-Wälzfräsen. Des Ingenieurs Taschenbuch für die Wälzfräserei mit Pfauter-Fräserkatalog. Mit Normenblättern, Zahlentafeln und 257 Bildern. 288 Seiten. 1933. RM 4.50; gebunden RM 5.—

Schuchardt & Schütte's Technisches Hilfsbuch. Herausgegeben von Dr.-Ing. e. h. **J. Reindl†,** Berlin. Achte, verbesserte Auflage. Mit 500 Abbildungen im Text und auf einer Tafel. IV, 556 Seiten. 1933. Gebunden RM 8.—